Prüfungs= und Übungsaufgaben aus der Mechanik des Punktes und des starren Körpers

Von

Karl Federhofer

o. Professor an der Technischen Hochschule Graz

In drei Teilen

I. Teil: Statik

165 Aufgaben nebst Lösungen

Mit 243 Textabbildungen

Springer-Verlag Wien GmbH

1950

ISBN 978-3-662-37608-9   ISBN 978-3-662-38392-6 (eBook)
DOI 10.1007/978-3-662-38392-6

Vorwort

Die Anwendung der Lehren der Mechanik auf konkrete Aufgaben bereitet den Studierenden erfahrungsgemäß zumeist beträchtliche Schwierigkeiten, die nur durch die selbständige Bearbeitung von Beispielen an Hand einer Aufgabensammlung überwunden werden können. Das hiefür besonders geeignete Aufgabenwerk meines Lehrers und Vorgängers im Lehramte für Mechanik an der Technischen Hochschule Graz, F. Wittenbauer, das 1907 erschienen und nach dem Tode des Verfassers von Th. Pöschl in vollständig umgearbeiteter 6. Auflage 1929 herausgegeben worden ist, ist schon seit langem vergriffen.

Da das Fehlen dieses Übungsbehelfes von den Studierenden als große Erschwerung beim Studium für die vorgeschriebenen Prüfungen empfunden wird, so glaube ich, die immer wieder gewünschte Herausgabe meiner im Laufe von drei Jahrzehnten entstandenen Beispielsammlung, die auch einen Teil meiner Prüfungsaufgaben umfaßt, nicht länger hinausschieben zu dürfen.

Diese Sammlung enthält vorwiegend einfache Aufgaben aus der Mechanik des Punktes und starrer Systeme nebst den Lösungen; sie erscheint in drei Teilen: I. Statik, II. Kinematik und Kinetik des Massenpunktes, III. Kinematik und Kinetik starrer Systeme. Bei den meisten Beispielen sind nicht nur ihre Lösungsergebnisse, sondern auch je nach dem Schwierigkeitsgrade mehr oder minder ausführliche Erläuterungen zum einzuschlagenden Lösungswege angegeben.

Der vorliegende erste Teil behandelt Beispiele über das Stoffgebiet der analytischen und graphischen Statik der Vorlesungen über Technische Mechanik mit Ausschluß von Spannungs- und Formänderungsbetrachtungen. Wenngleich die Beanspruchungsgrößen eines Balkens, nämlich Biegungsmoment, Quer- und Längskraft, erst in der Festigkeitslehre bei der Bemessung der Querschnitte des Balkens ihre Bedeutung erlangen, habe ich eine Reihe von Beispielen aufgenommen, die zur Einübung in die Berechnung dieser Größen und in die Darstellung ihrer Schaulinien dienen.

Das gleiche gilt vom Dreigelenkbogen.

Zur Erleichterung beim Entwerfen von Kräfteplänen ebener Fachwerke ist dem betreffenden Lösungsabschnitte eine knappe Zusammenstellung der dabei zweckmäßig zu beachtenden Regeln vorangestellt nebst einem Hinweise auf jene Verfahren, die bei zusammengesetzten Fachwerken und bei besonderen Lastangriffen zur Verfügung stehen. Der Vollständigkeit wegen ist dabei auch die kinematische Methode erläutert, wenngleich damit dem Aufgabenbereiche des III. Teiles bereits vorgegriffen ist.

Die gleiche Bemerkung gilt übrigens auch für das zur Beurteilung der statischen Stabilität eines auf einer festen Fläche ruhenden schweren Körpers benutzte kinematische Kriterium.

Den Lösungsabschnitten über den Ausnahmefall des ebenen Fachwerkes und über das Raumkraftsystem ist ebenfalls eine die Lösungsmethoden zusammenfassende Einleitung beigefügt.

Der Abschnitt Seilkurven enthält u. a. auch Aufgaben über die Formbestimmung von Zylinderschalen gleicher Festigkeit und über das weitgespannte Kabel.

Von den Hilfsmitteln der Vektorrechnung, der Elemente der projektiven Geometrie, der Mayor-v.Misesschen Abbildung ist stets dort Gebrauch gemacht, wo sie der Aufgabe besonders angemessen erscheinen. Die im Manuskript bereits fertiggestellten Bände II und III werden voraussichtlich binnen Jahresfrist erscheinen.

Dem Springer-Verlag in Wien sage ich meinen herzlichen Dank für das mir jederzeit erwiesene Entgegenkommen.

Sommer 1950.

K. Federhofer

Inhaltsverzeichnis

Aufgaben

I. Ebene Kraftsysteme und deren Gleichgewicht

1. Es soll zu vier der Größe und Richtung nach gegebenen Kräften, deren Wirkungslinien einen Kreis vom Halbmesser ϱ berühren, ein Kräftepaar M hinzugefügt werden, so daß die Mittelkraft der vier Kräfte durch den Mittelpunkt des Kreises geht. Man bestimme M graphisch.

2. In den Eckpunkten eines schiefwinkligen Dreieckes wirken drei gegebene Kräfte. Dieses Kraftsystem soll durch ein gleichwertiges ersetzt werden, dessen drei Kräfte in den Ecken angreifen und deren Wirkungslinien parallel zu den den Ecken gegenüberliegenden Dreieckseiten sind. (Lösung graphisch.)

3. In den Seiten eines schiefwinkligen Dreieckes wirken drei Kräfte vom gegebenen Verhältnisse $1:2:3$. Wie groß sind diese Kräfte, wenn das Hinzutreten eines Kraftpaares M zur Folge hat, daß die Mittelkraft der drei Kräfte durch den Mittelpunkt des Umkreises des Dreieckes geht?

4. Eine Kraft $\mathfrak{P}$ und ein Kraftpaar $M = Q\,q$ sind durch drei Kräfte zu ersetzen, deren Wirkunsglinien in die Seiten des gleichseitigen Dreieckes $A\,B\,C$ fallen. (Abb. 1).

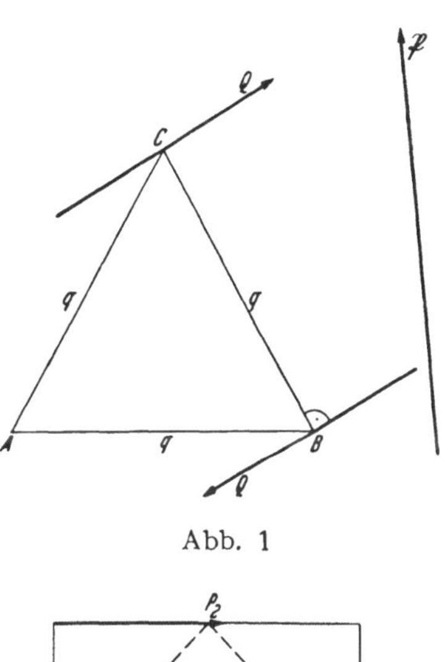

Abb. 1

5. Vier ungleich große Kräfte, die in den Seiten eines Quadrates wirken, sind zu ersetzen durch vier Kräfte, deren Wirkungslinien in die Seiten des eingeschriebenen Quadrates fallen; zwei davon sollen das Verhältnis $1:3$ haben. (Abb. 2).

6. In den Seiten eines allgemeinen Viereckes $A\,B\,C\,D$ wirken

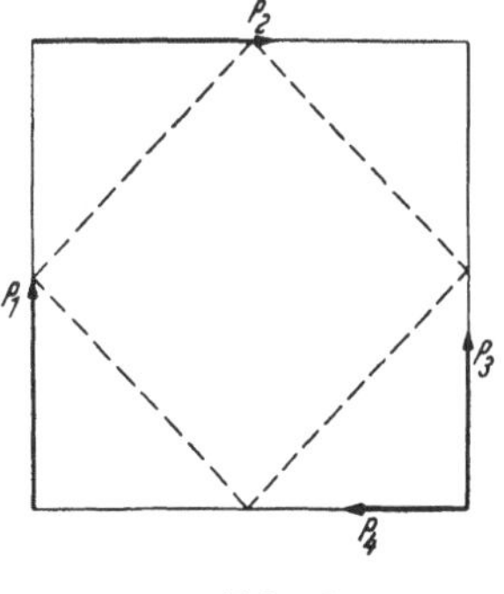

Abb. 2

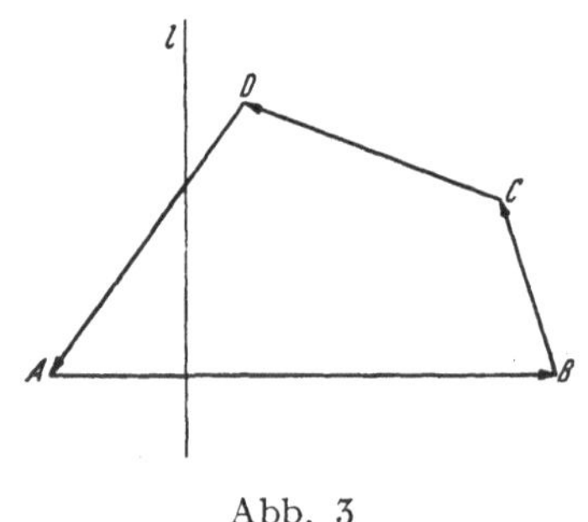

Abb. 3

vier Kräfte, in dem aus Abb. 3 ersichtlichen Richtungssinne, deren Größen den Seitenlängen gleich sind. Welche Kraft muß in der beliebig gewählten Geraden l wirken, damit dieses Kraftsystem gleichwertig ist mit zwei in den Diagonalen des Vierecks wirkenden Kräften? Wie groß sind letztere?

7. Ein ebenes Kraftsystem bestehe aus sechs Kräften; drei davon wirken in den Seiten des Dreieckes $A\,B\,C$, ihre Größen sind gleich den Seitenlängen. Die übrigen drei Kräfte greifen in den Dreiecksecken an, ihre Wirkungslinien stehen senkrecht auf den von den Ecken ausgehenden Schwerlinien, ihre Größen sind durch die Längen der Schwerlinien dargestellt.

Man bestimme Größe und Richtungssinn der in den Seiten des Dreieckes H_A, H_B, H_C wirkenden Kräfte, die dem gegebenen Kraftsystem Gleichgewicht halten. (Abb. 4).

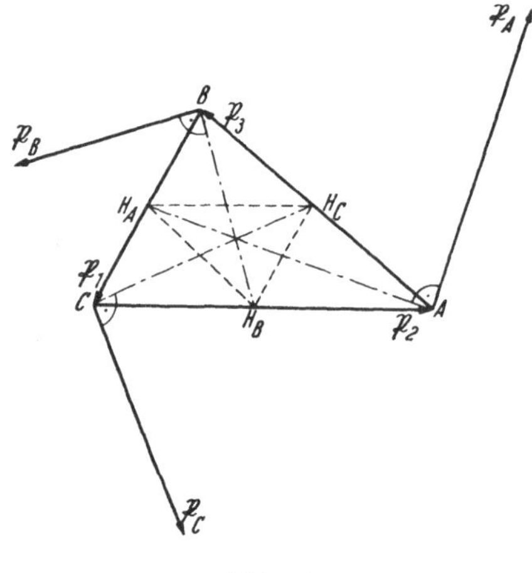

Abb. 4

8. Ein gerader Balken ist in A und B an drei Seilen aufgehängt und mit den beiden um e entfernten Gewichten Q und $2Q$ belastet. Wie groß muß x gemacht werden, damit das Verhältnis der Spannkräfte in $A\,C$ und $B\,D$ einen gegebenen Wert n habe? (Abb. 5).

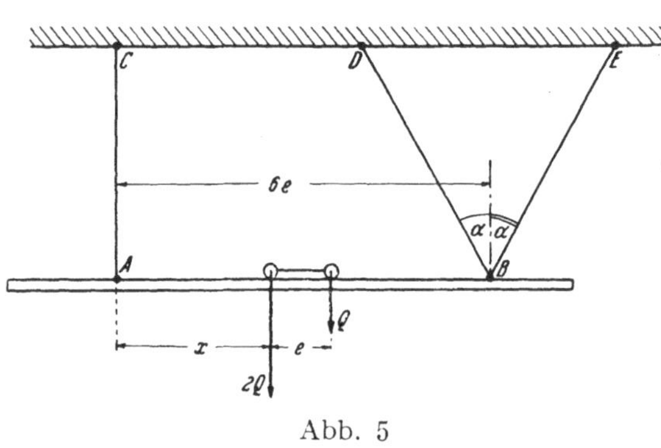

Abb. 5

9. Entlang eines Kreisbogens vom Halbmesser r und Zentriwinkel α wirken gleichmäßig verteilte tangentiale Kräfte q je Längeneinheit des Bogens. Man bestimme Größe, Richtung und Wirkungslinie ihrer Mittelkraft. (Abb. 6).

10. Eine von zwei Kreisbogen begrenzte Scheibe sei durch gleichmäßig verteilte Kräfte q je Längeneinheit ihres Umfanges beansprucht; sie ist in A in einem festen Gelenk, in B in einem waagrecht verschieblichen Gleitlager gelagert. Wie groß sind die Auflagerreaktionen? (Abb. 7).

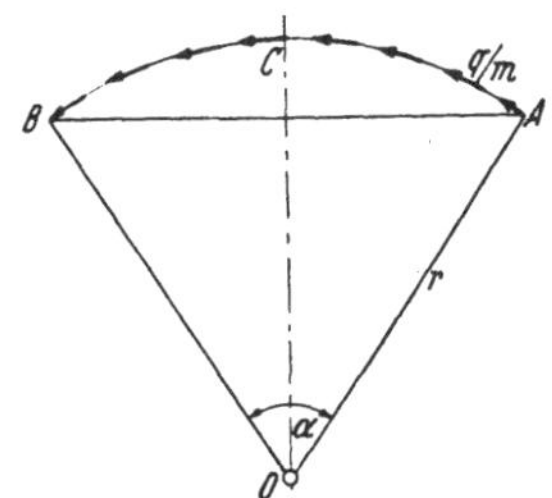
Abb. 6

11. Ein vollkommen biegsames Seil, dessen Eigengewicht zu vernachlässigen ist, ist in A befestigt, läuft über die feste Rolle bei D und ist am freien Ende mit Q_1 belastet. (Abb. 8).

Ein starrer Stab $\overline{BC} = l$ mit kleinen Rollen an den Enden ist in B mit Q_1, in C mit $Q_2 = \dfrac{Q_1}{2}$ belastet.

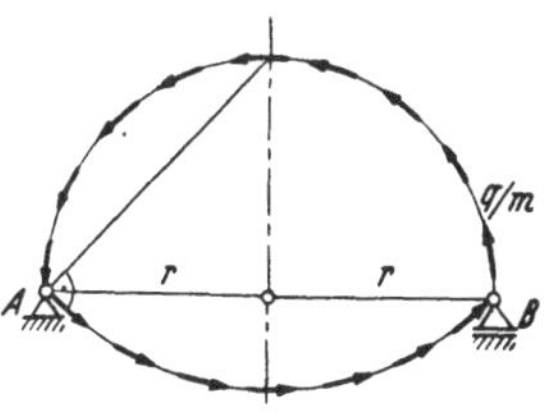
Abb. 7

Bei Vernachlässigung sämtlicher Reibungen ist die Gleichgewichtslage dieses Systems zu konstruieren und die im Stabe BC geweckte Längskraft K zu ermitteln.

$Q_1 = 100 \text{ kg}, \quad L = 3,6 \text{ m},$

$l = 1,6 \text{ m}, \quad a = 0,8 \text{ m}.$

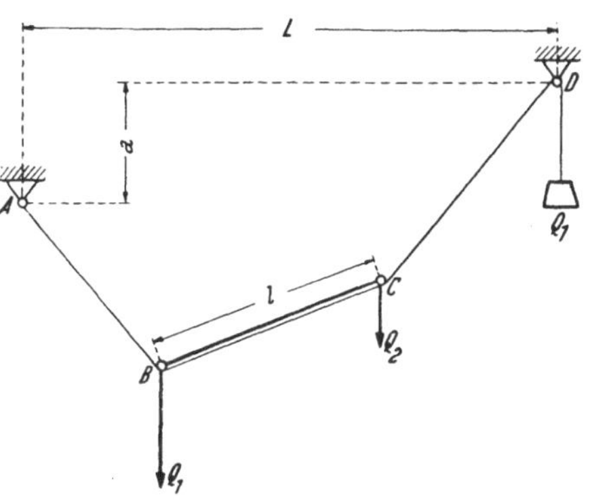
Abb. 8

12. Ein homogener Stab vom Gewichte G und der Länge l stütze sich an eine parabolisch gekrümmte glatte Wand und an einen rauhen Boden (Reibungszahl f). Welcher Bedingungsgleichung genügt der Stellungswinkel φ für Gleichgewicht? Welchen Normaldruck erfährt der Boden? (Abb. 9).

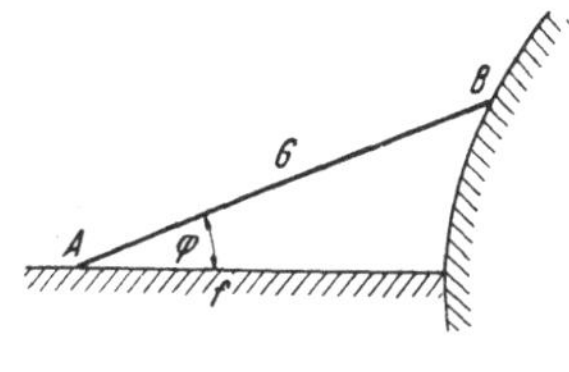
Abb. 9

13. Ein homogener Stab vom Gewichte G und der Länge l stütze sich in A an die Innenwand eines glatten Hohlzylinders vom Halbmesser r und in B an einen rauhen waagrechten Boden. Wie groß muß dort die Reibungsziffer f sein, wenn in der Gleichgewichtsstellung des

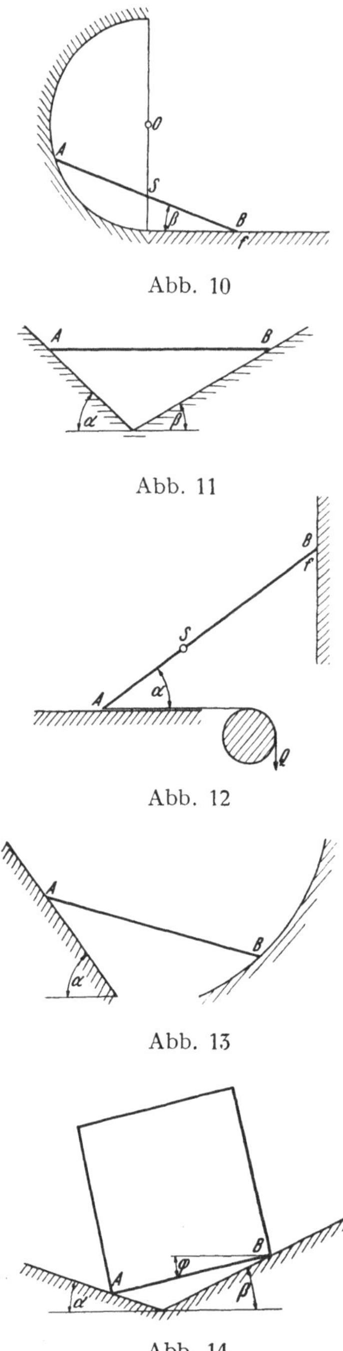

Abb. 10

Abb. 11

Abb. 12

Abb. 13

Abb. 14

Stabes sein Schwerpunkt gerade lotrecht unter dem Punkte 0 liegt? Wie groß ist dann der Stellungswinkel β? (Abb. 10).

14. Ein homogener Stab $A\,B$ ruhe in horizontaler Lage auf zwei unter den Winkeln α, β gegen die Waagrechte geneigten rauhen schiefen Ebenen; man beweise auf rein geometrischem Wege, daß für Gleichgewicht der Reibungswinkel ϱ der beiden schiefen Ebenen den Wert $\dfrac{\alpha - \beta}{2}$ haben muß. (Abb. 11).

15. Ein Stab $A\,B$ von der Länge l und dem Gewichte G, dessen Schwerpunkt S die Entfernung d von A hat, stützt sich mit dem oberen Ende an eine rauhe vertikale Ebene (Reibungszahl f), mit dem unteren Ende an eine glatte waagrechte Ebene. Im Punkte A ist ein Seil befestigt, das über eine feste rauhe Scheibe (Reibungszahl f_1) läuft und am Ende mit dem Gewichte Q gespannt ist (Abb. 12).

Zwischen welchen Grenzen kann der Winkel α bei Gleichgewicht schwanken?

16. Ein homogener Stab $\overline{A\,B} = = 2\,l$ stützt sich in A an eine glatte, unter dem Winkel α gegen die Waagrechte geneigte Ebene, in B an eine glatte Zylinderfläche. Bei welcher Form der Leitlinie des Zylinders ist der Stab in jeder Lage im Gleichgewicht? (Abb. 13).

17. Eine homogene quadratische Platte stütze sich in den Ecken $A\,B$ an zwei unter α, β gegen die Waagrechte geneigte glatte Ebenen. Bei welchem Winkel φ herrscht Gleichgewicht? (Abb. 14).

18. Ein rechteckiger Klotz vom Gewichte G ruhe auf rauhem Boden (Reibungszahl f). Wie stark darf das über den Klotz gelegte, in O und O_1 befestigte Seil gespannt werden, ohne das Gleichgewicht zu stören? (Abb. 15). (Lösung ist rechnerisch und graphisch zu geben).

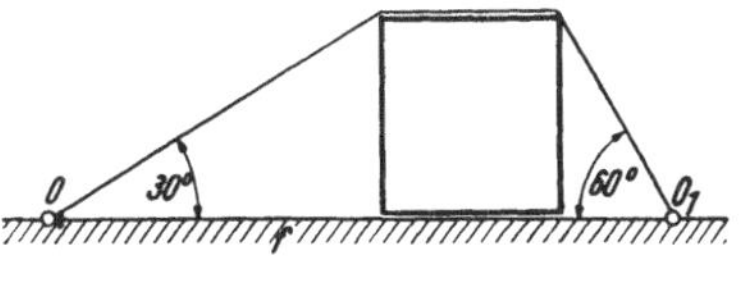

Abb. 15

19. Ein homogener Stab stützt sich in A an einen rauhen Hohlzylinder, in B an eine rauhe waagrechte Ebene. (Abb. 16). Man berechne die Stellungswinkel φ und ψ für Gleichgewicht, wenn $\overline{A\,B} = l = 2\,r$.

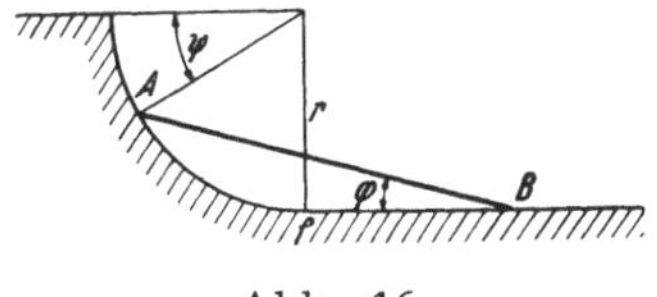

Abb. 16

20. Ein durch die glatten Ringe bei A und B gesteckter lotrechter Stab vom Gewichte G stützt sich in H auf eine glatte schiefe Ebene mit der Neigung α gegen die Waagrechte. (Abb. 17). Man bestimme Größe und Richtung der Drücke in A, B, H graphisch und rechnerisch.

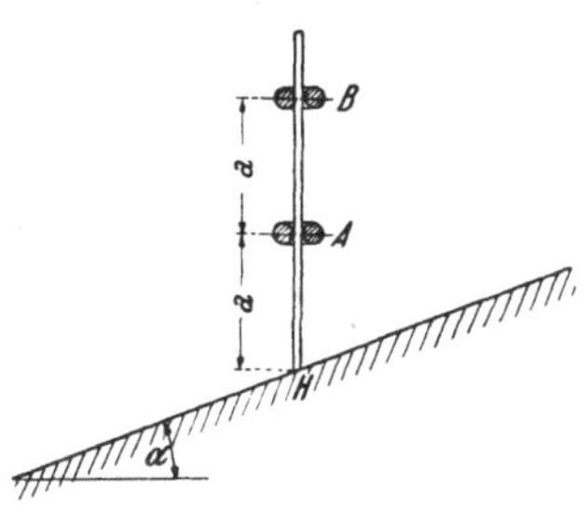

Abb. 17

21. Zwei schwere Hülsen P und Q, die auf einer in lotrechter Ebene liegenden parabolischen Führung mit waagrechter Achse reibungslos gleiten können, sind durch einen undehnbaren Faden von der Länge l verbunden, der über eine kleine Rolle im Brennpunkt läuft. (Abb. 18). In welcher Lage herrscht Gleichgewicht?

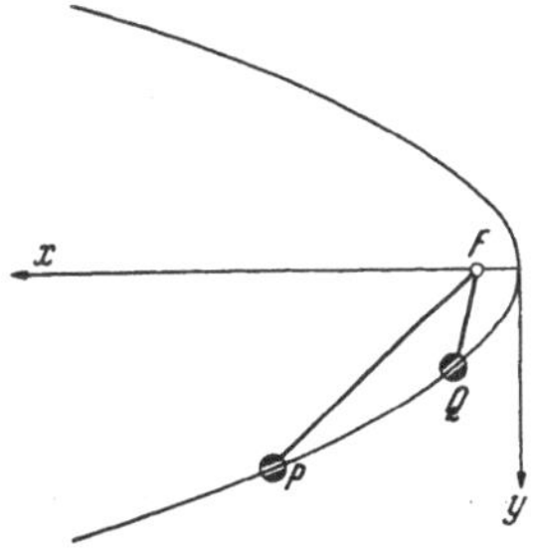

Abb. 18

22. Zwei schwere Massenpunkte G_1 und G gleiten reibungsfrei auf einer in lotrechter Ebene liegenden halbkreisförmigen Führung vom Halbmesser a und sind durch einen undehnbaren Faden von der Länge $2\,a$ verbunden, der über die kleine Rolle C läuft. (Abb. 19). Man stelle die Gleichung zur Berechnung des Stellungswinkels φ für Gleichgewicht auf.

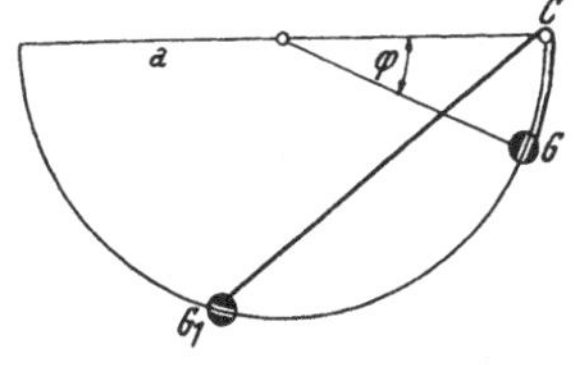

Abb. 19

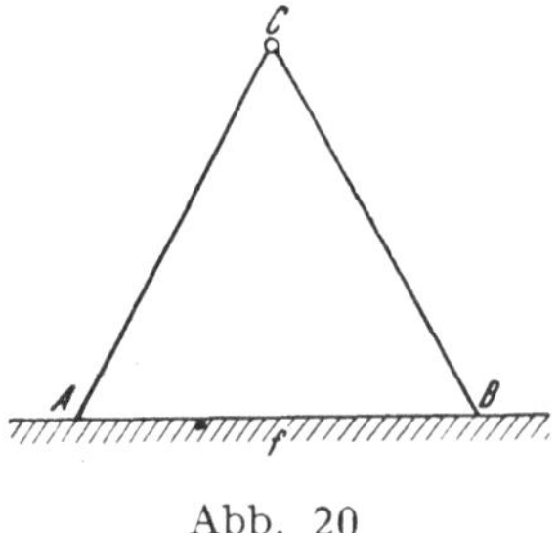

Abb. 20

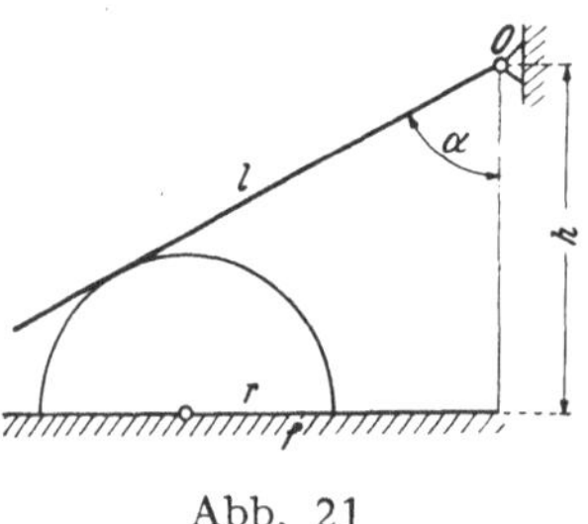

Abb. 21

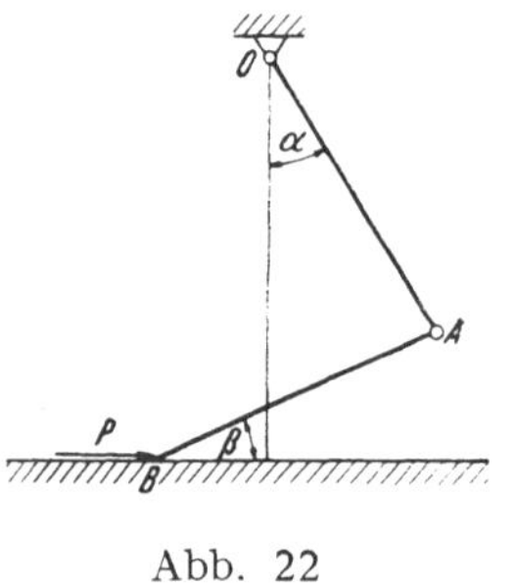

Abb. 22

23. Zwei gleichlange und gleichschwere Stäbe AC, BC sind in C durch ein Gelenk verbunden und stützen sich in A und B an einen rauhen Boden. (Abb. 20). Wie groß ist dessen Reibungsziffer, wenn für Gleichgewicht das Dreieck ABC gleichseitig ist?

Welcher Gelenkdruck entsteht in C?

24. Ein schwerer Halbzylinder (Halbmesser r, Gewicht G_1) ruhe auf rauher waagrechter Ebene (Reibungszahl f). An seinen glatten Mantel stützt sich ein homogener, in O befestigter Stab (Länge l, Gewicht G). (Abb. 21).

Wie groß muß f sein, damit bei der durch α, h, l und r gegebenen Lage beider Systeme Gleichgewicht bestehe?

25. Zwei gleichlange Stäbe von gleichem Gewichte seien in A gelenkig verbunden; der obere Stab sei im Gelenke O befestigt, der untere stütze sich auf eine waagrechte glatte Ebene (Abb. 22). Welche Kraft P hält das System in der gezeichneten Lage, die durch die Winkel α, β und die Stablänge l gegeben ist, im Gleichgewicht?

Wie groß ist der Gelenkdruck in A?

Welche Bodenrauhigkeit müßte bei Fortfall der Kraft P zur Erhaltung des Gleichgewichtes vorhanden sein?

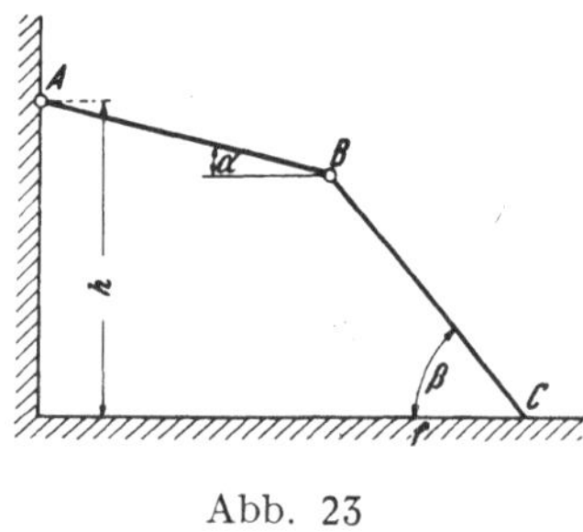

Abb. 23

26. Die beiden gleichschweren homogenen Stäbe $\overline{AB} = \overline{BC} = l$ sind in B gelenkig verbunden. Der obere Stab ist um das Gelenk A drehbar befestigt, der andere am rauhen Boden (Reibungsziffer f) waagrecht verschieblich. (Abb. 23). Man stelle die beiden Gleichungen zur Berechnung der Stellungswinkel α, β für Gleichgewicht auf.

27. Zwei schwere Stäbe $\overline{A\,B} =$ $= 2\,l$, $\overline{C\,D} = 2\,l_1$ stützen sich in A und D an den waagrechten glatten Boden, sind in C gelenkig und an den unteren Enden durch einen undehnbaren Faden verbunden. (Abb. 24). Wenn der Winkel α gegeben ist, soll die Zugkraft im Faden berechnet werden.

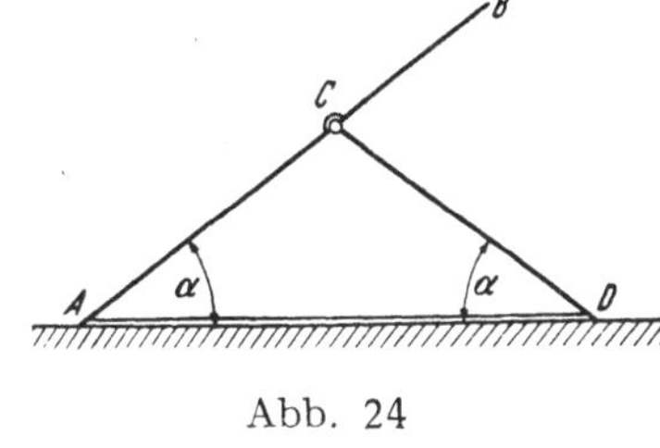

Abb. 24

28. Zwei Stäbe von gleicher Länge $2\,l$ und gleichem Gewichte G seien miteinander in A gelenkig verbunden und in der gezeichneten Art gestützt. (Abb. 25). Sie sollen in der durch die Winkel α und β gekennzeichneten Lage im Gleichgewicht sein; welche lotrechte Kraft P muß am Stabende B wirken?

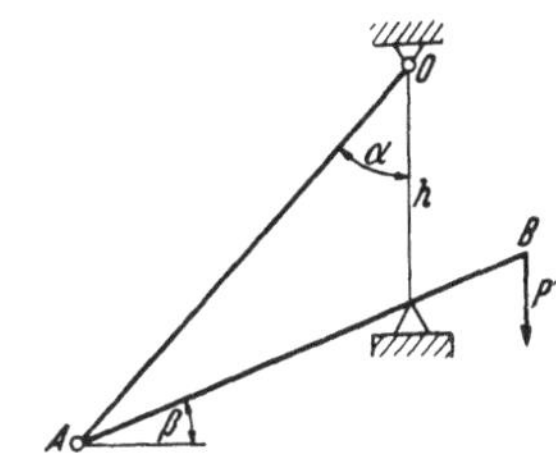

Abb. 25

29. Über eine auf waagrechter Ebene ruhende glatte Walze vom Halbmesser r wird ein gelenkig verbundenes Stäbepaar vom Gewichte G und der Stablänge $\overline{A\,B} = l$ symmetrisch gelegt. (Abb. 26). Für Gleichgewicht sollen die beiden Stabenden dicht beim Boden liegen, ohne diesen zu berühren. Bei welchem Werte r/l ist dies möglich? Wie groß ist der Gelenkdruck?

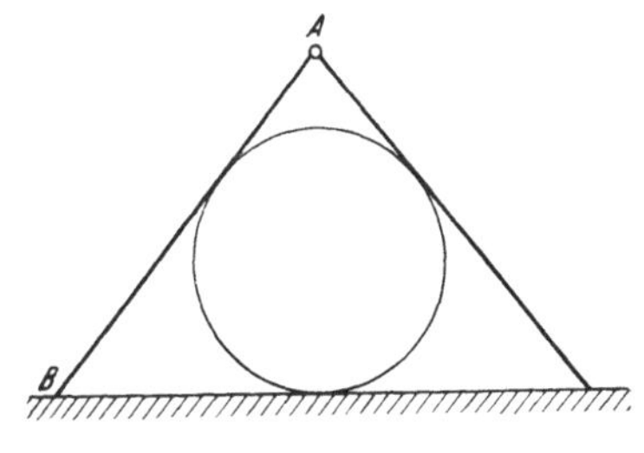

Abb. 26

30. Von zwei homogenen gelenkig verbundenen Stäben $\overline{O\,A} = l$ und $\overline{A\,B} = l/2$ und gleichem Gewichte je Längeneinheit ist der eine in O drehbar befestigt, der andere stützt sich an eine lotrechte glatte Wand. (Abb. 27). Man berechne die Stellungswinkel φ und ψ für Gleichgewicht.

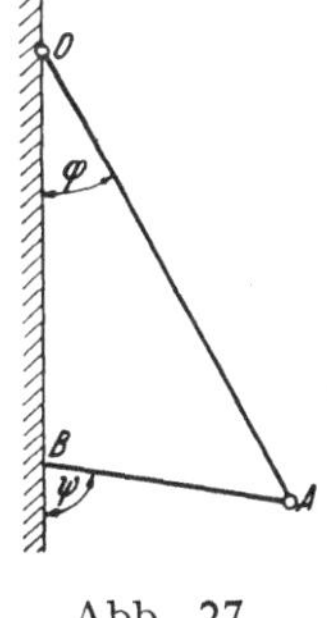

Abb. 27

31. Ein homogener Stab $\overline{O\,A}$ vom Gewichte G und der Länge $2\,l$ ist in dem Gelenk O drehbar befestigt und stützt sich in B an einen um seine Mitte O_1 drehbaren gleichlangen und gleichschweren Stab, der an seinem Ende C eine Last $Q = 2\,G$ trägt. (Abb. 28).

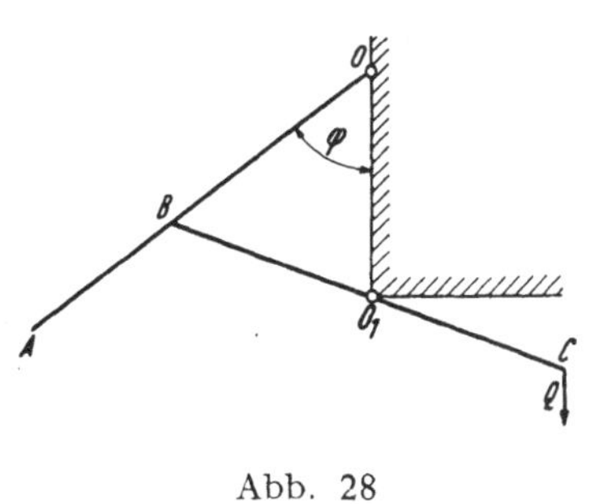

Abb. 28

Man berechne den Gleichgewichtswinkel φ, wenn $\overline{O\,O_1} = l$. Welche Größe und Richtung hat der Gelenkdruck in O?

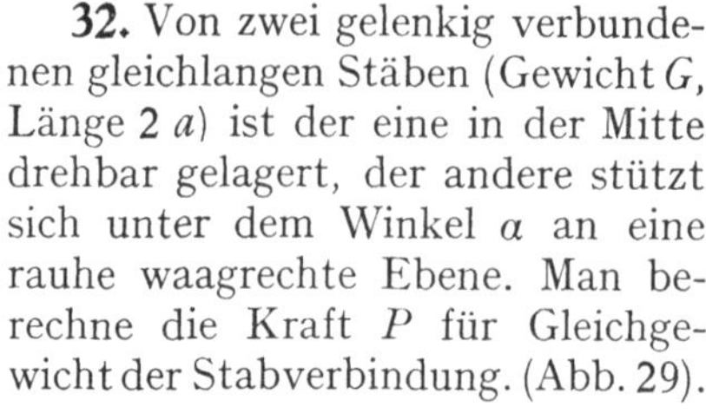

Abb. 29

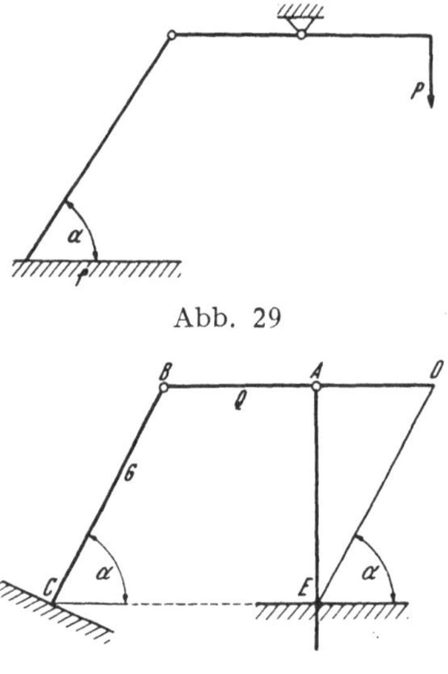

Abb. 30

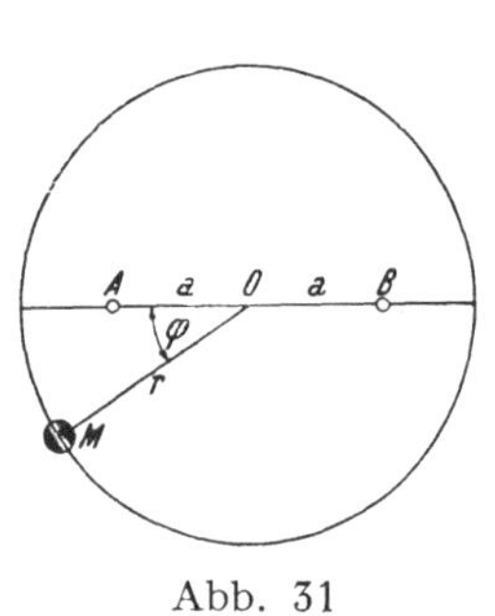

Abb. 31

32. Von zwei gelenkig verbundenen gleichlangen Stäben (Gewicht G, Länge $2\,a$) ist der eine in der Mitte drehbar gelagert, der andere stützt sich unter dem Winkel α an eine rauhe waagrechte Ebene. Man berechne die Kraft P für Gleichgewicht der Stabverbindung. (Abb. 29).

33. Von zwei in B gelenkig verbundenen Stäben mit den Gewichten G und Q stützt sich der eine in C an eine glatte schiefe Ebene, der andere ist im Gelenke A drehbar und soll durch ein Seil $D\,E$ in waagrechter Lage im Gleichgewichte erhalten werden.(Abb. 30). Man konstruiere bei gegebenem Winkel α die Gelenkdrücke in A und B sowie den Seilzug.

34. Ein Massenpunkt M vom Gewichte G bewegt sich in lotrechter Ebene auf einem Kreise vom Halbmesser r (Abb. 31) und wird von zwei auf dem waagrechten Durchmesser symmetrisch zu O liegenden Punkten A und B mit Kräften angezogen, die direkt proportional der Entfernung sind, und zwar $\mathfrak{P}_A = \lambda\,\overrightarrow{M\,A}$, $\mathfrak{P}_B = \mu\,\overrightarrow{M\,B}$, wo λ und μ Konstante sind. Für welche Lage φ ist der Massenpunkt M im Gleichgewichte? Man zeichne die Gleichgewichtslage für $\mu = \dfrac{\lambda}{2} = \dfrac{G}{r}$.

35. Zwei homogene Stäbe von gleicher Länge $2\,l$ und gleichem Gewichte G (Abb. 32) sind im reibungsfreien Gelenke C miteinander verbunden und stützen sich in A und B auf eine unter dem Winkel β gegen die Waagrechte geneigte rauhe schiefe Ebene ($f > \operatorname{tg}\beta$).

Innerhalb welcher Grenzen muß der Öffnungswinkel $2\,\alpha$ des Stabpaares bei Gleichgewicht liegen? Welche Beziehung besteht zwischen α und β, wenn das Gleichgewicht der beiden Stäbe ohne Ausnutzung der Reibung bei A bestehen soll?

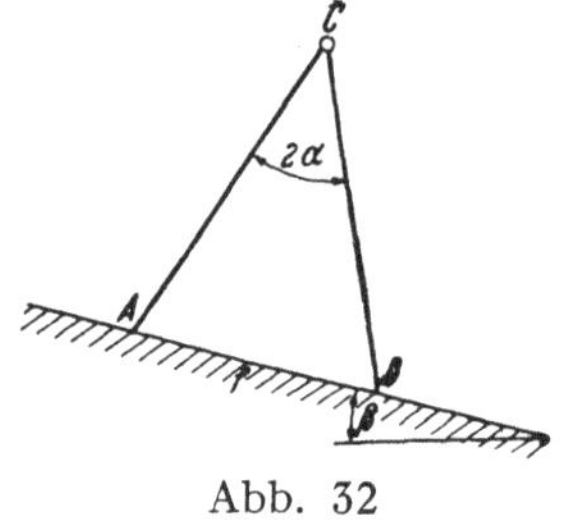

Abb. 32

36. Zwei homogene Stäbe mit den Längen $\overline{A\,B} = 3\,r$ und $\overline{B\,C} = 3\,r/2$ stützen sich in B aneinander und an die Innenwand eines glatten Kreiszylinders. (Abb. 33). Das Gewicht G_1 des längeren Stabes und der Winkel α $(= 60^0)$ sind gegeben. Man konstruiere die für Gleichgewicht notwendige Größe des Gewichtes G_2 des kürzeren Stabes.

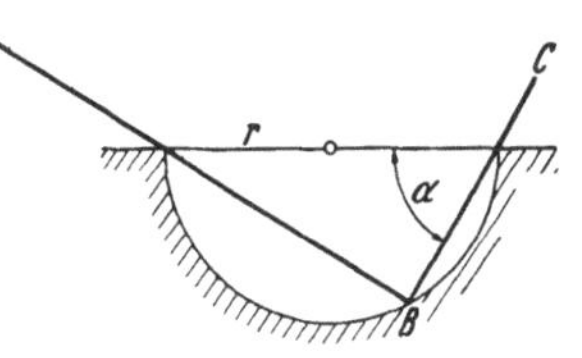

Abb. 33

37. Zwei gelenkig verbundene gleichförmige Stäbe von der Länge l stützen sich in A und B an einen Klotz von der Breite $a = l/4$. (Abb. 34). Wie groß muß der Reibungswinkel ϱ bei A und B gewählt werden, damit die beiden Stäbe in der Stellung $\alpha = 60^0$ im Gleichgewicht sind? Welchen Wert hat der Normaldruck bei A?

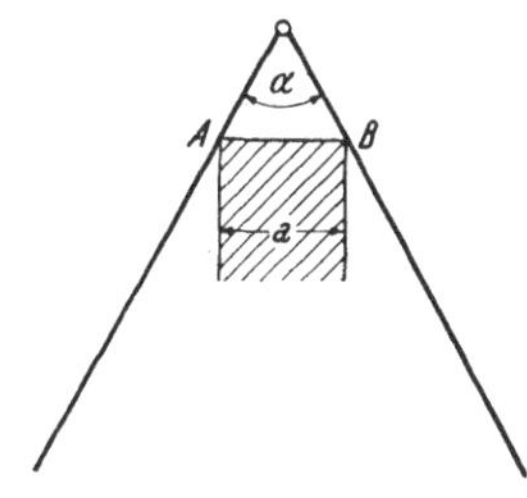

Abb. 34

38. Das in O drehbar gelagerte Gelenkparallelogramm $A\,B\,C\,D$ wird in waagrechter Ebene durch die beiden aufeinander senkrechten Kräfte P und Q, angreifend in C und D, belastet. (Abb. 35).

Wie groß sind die Winkel α und β für Gleichgewicht?

• Welche Größe und Richtung hat der Gelenkdruck in O?

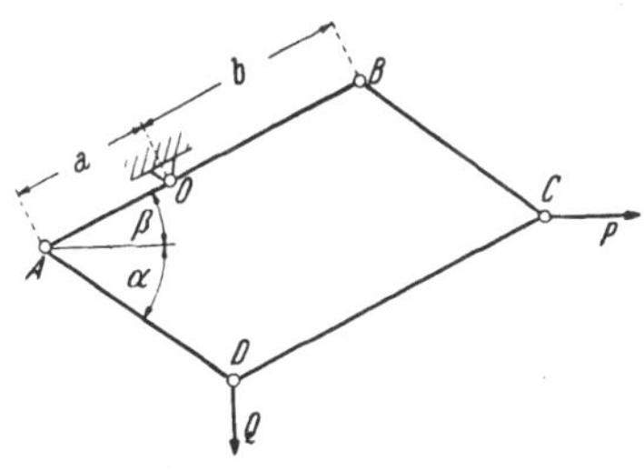

Abb. 35

39. Auf zwei gleich großen glatten Walzen, die durch einen Stab $\overline{O_1 O_2} = 2\,a$ verbunden sind, (Abb. 36), liegen zwei Stäbe von gleicher Länge l, die in C gelenkig verbunden sind. An den Enden A, B der beiden gewichtslos gedachten Stäbe wirken zwei gleiche Lasten Q.

Wie groß ist der Winkel α für Gleichgewicht und welche Kraft wirkt im Haltestab $O_1 O_2$? Wie groß ist der Gelenkdruck in C?

Es sei $l = 2\,a$ und $r = 0,6\,a$.

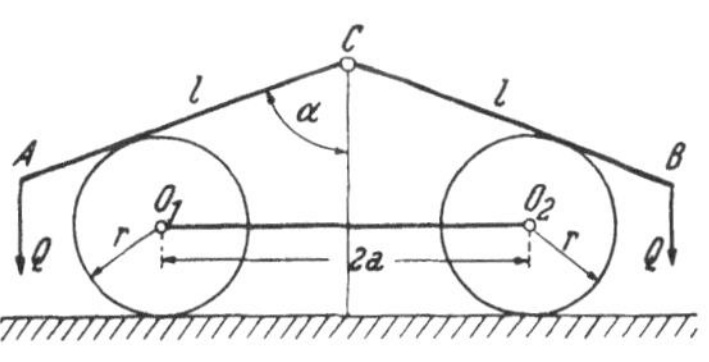

Abb. 36

40. Drei gelenkig verbundene homogene Stäbe von gleicher Länge l und gleichem Gewichte G sind über einen rechteckigen Klotz von der Breite a gelegt. (Abb. 37). Berechne den Winkel φ und die Gelenkdrücke für Gleich-

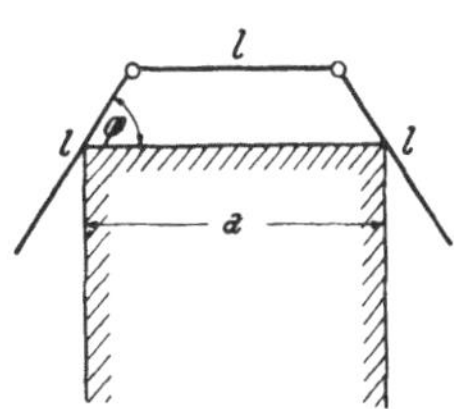

Abb. 37

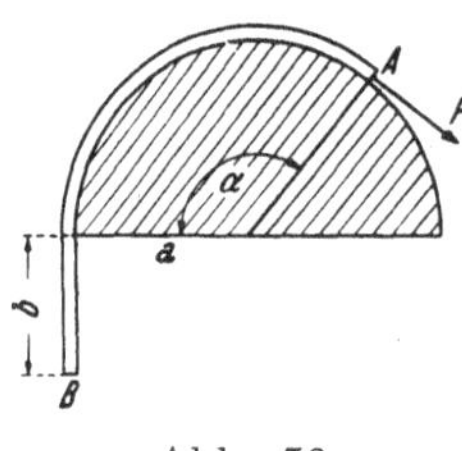

Abb. 38

gewicht und beweise, daß $\dfrac{a}{l} < \dfrac{5}{3}$ sein muß.

Man werte die allgemeinen Ergebnisse mit der Angabe $\dfrac{a}{l} = \dfrac{13}{12}$ aus.

41. Auf einem glatten Kreiszylinder liege eine Kette, die links über die Höhe b bis B frei herabhängt und am Ende A durch eine Kraft P in der gezeichneten Lage (Abb. 38) im Gleichgewicht gehalten werden soll. Wie groß ist P, wenn q das Gewicht der Kette je Längeneinheit ist?

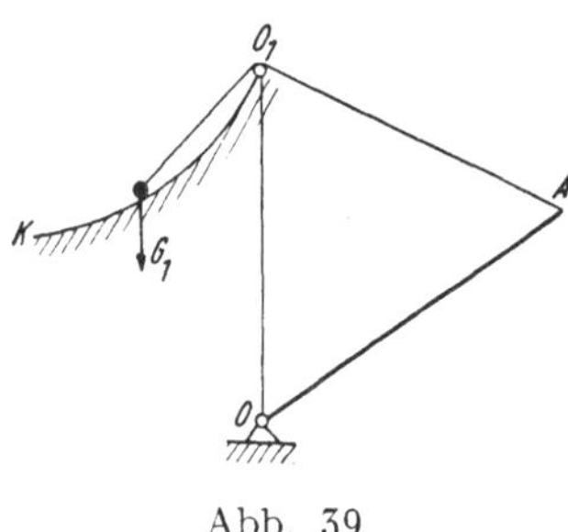

Abb. 39

42. Ein um das feste Gelenk O drehbarer homogener Stab $\overline{OA} = l$ vom Gewichte G hängt am Ende A an einem Seil, das über eine kleine, horizontal gelagerte Rolle führt und ein längs der Führungskurve k reibungslos gleitendes Gegengewicht G_1 trägt. (Abb. 39). Man entwickle die Polargleichung der Gleitbahn, wenn in jeder Lage Gleichgewicht herrschen soll. Die Länge des Seiles $A\,O_1\,G_1 = s$. Wie groß ist der Normaldruck der Führungskurve?

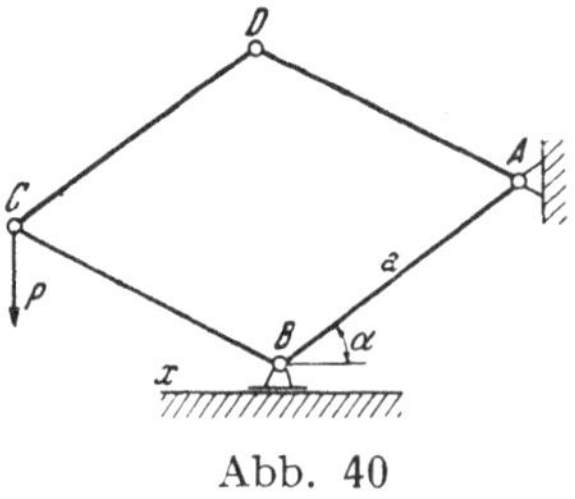

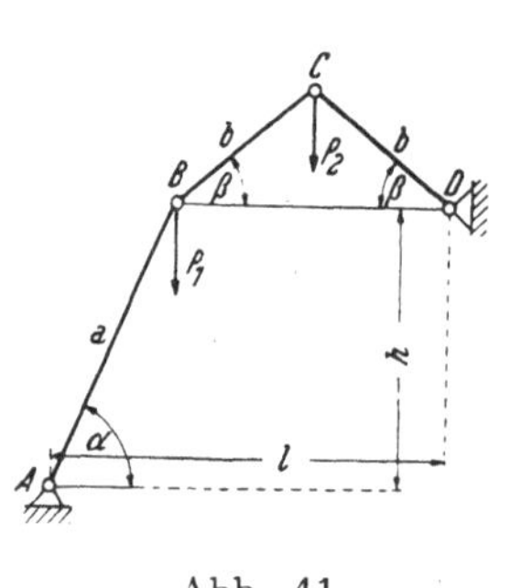

Abb. 40

43. Ein gelenkiger Rahmen (Abb. 40) von der Form eines Rhombus mit der Seitenlänge a sei in einer waagrechten Ebene im festen Gelenk A und im waagrecht verschieblichen Gelenk B befestigt. Es wirke im Gelenke C senkrecht zur X-Achse eine Kraft P. Welche Kraft Q muß im Gelenke D senkrecht zu P wirken, damit die Gleichgewichtsfigur des Rahmens ein Quadrat sei? Wie groß sind dann die vier Stabkräfte?

44. Von dem in Abb. 41 dargestellten gelenkigen Stabverbande sind gegeben die Abmessungen l, h, a und das Verhältnis P_1/P_2 der in den beiden beweglichen Gelenken wirkenden Gewichte.

Man berechne die Neigungswinkel α, β und die Stablänge b, wenn gefordert wird, daß bei Gleichgewicht das Gelenk B in einer Waagrechten durch D liegen soll?

$l = 3\,\mathrm{m}$, $h = 2\,\mathrm{m}$, $a = 2{,}5\,\mathrm{m}$, $P_1/P_2 = 1$ und $P_1/P_2 = 2$.

Abb. 41

45. Das in O und O_1 aufgehängte Gelenksystem soll in der gezeichneten Lage (Abb. 42) durch eine Kraft P im Gleichgewicht gehalten werden. Wie groß ist P, wenn q das Gewicht je Längeneinheit der beiden homogenen Stäbe ist? Welche Größe hat der Gelenkdruck in B?

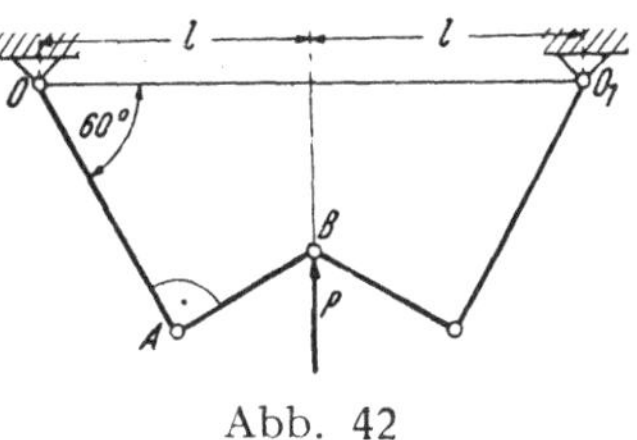
Abb. 42

46. Von drei miteinander in O_1 und O_2 verbundenen, gleichlangen und gleichschweren Stäben ruht der mittlere auf rauhem waagrechten Boden, die seitlichen stützen sich in A und B (Abb. 43) an glatte lotrechte Wände. Man stelle die zur Berechnung der Stellungswinkel α, β für Gleichgewicht notwendigen beiden Gleichungen auf.

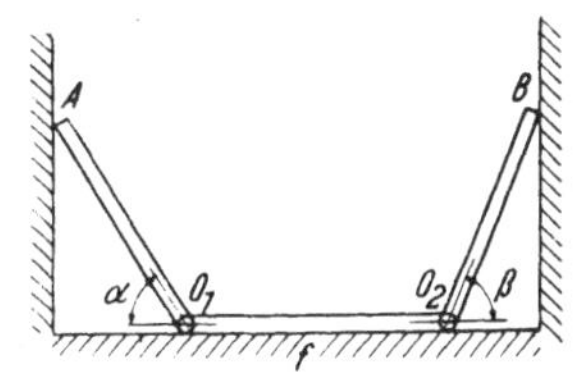
Abb. 43

47. Zwei gleichlange und gleichschwere Stäbe $\overline{A\,C} = \overline{B\,C} = 2\,l$ vom Gewichte G sind in C miteinander gelenkig verbunden und an Rollen vom Gewicht G_1 und Halbmesser r angeschlossen, die sich auf einer rauhen waagrechten Ebene (Ziffer der rollenden Reibung q) bewegen können. Die Wirkung einer Last Q wird durch das Gelenksystem $D\,F\,E$ auf beide Stäbe übertragen. (Abb. 44). Bei welchem Winkel $2\,\varphi$ herrscht Gleichgewicht? Wie groß ist der Gelenkdruck in C?

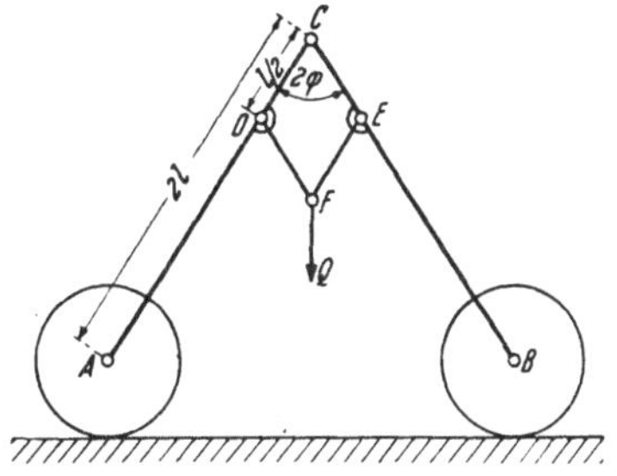
Abb. 44

48. Das in Abb. 45 dargestellte ebene Fachwerk ist in den festen Gelenken A und B sowie im waagrecht verschieblichen Lager C gelagert. Man ermittle auf zeichnerischem Wege den Lagerdruck bei C (s. III b, 3).

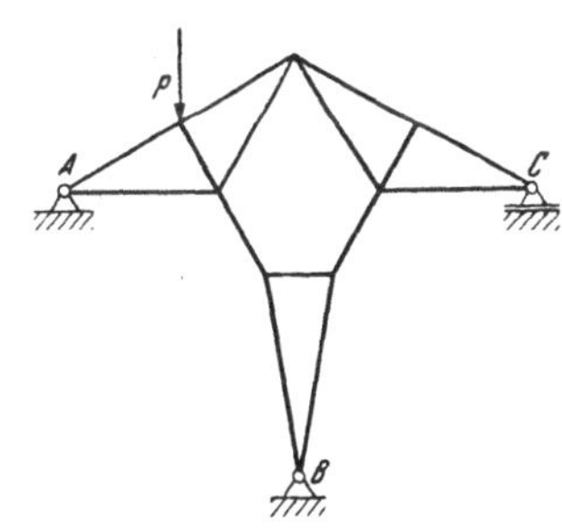
Abb. 45

II. Schwerpunkte ebener Flächen

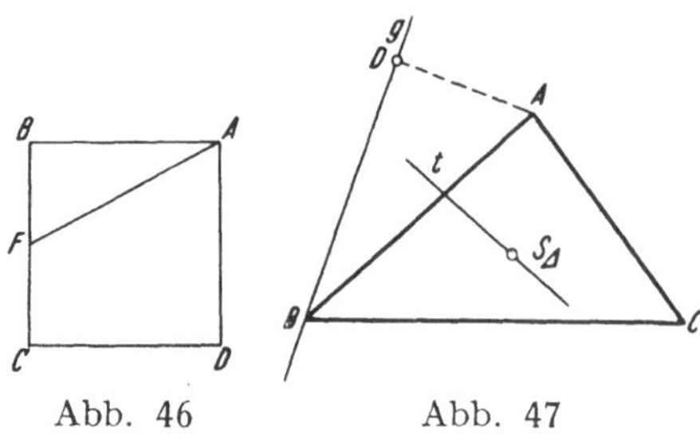

Abb. 46   Abb. 47

1. Von einem Quadrate wird durch die Gerade AF das Dreieck ABF abgeschnitten. Man bestimme den geometrischen Ort des Schwerpunktes des restlichen Viereckes $AFCD$ (Abb. 46) für alle Lagen des Punktes F zwischen B und C.

2. Es ist ein Punkt D auf der durch den Eckpunkt B des gegebenen Dreieckes ABC (Abb. 47) gezogenen Geraden g so zu bestimmen, daß der Schwerpunkt des entstehenden Viereckes $ACBD$ auf einer durch den Schwerpunkt S_A des Dreieckes ABC gehenden Geraden t liege.

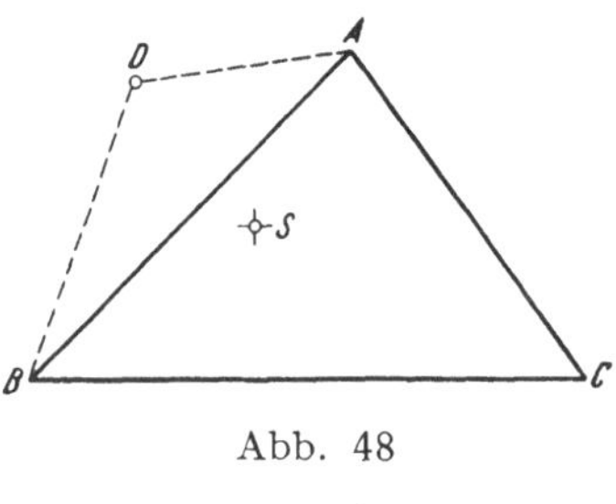

Abb. 48

3. Gegeben sei das Dreieck ABC; man bestimme einen Punkt D als Eckpunkt des Viereckes $ACBD$ so, daß diesem eine innerhalb des Dreieckes gegebene Schwerpunktslage S entspricht. (Abb. 48).

4. An die Seite BC des Dreieckes ABC soll ein Dreieck BCD von gegebener Fläche F so angefügt werden, daß der Schwerpunkt S des entstehenden Viereckes $ABDC$ die kleinstmögliche Entfernung vom Schwerpunkte S_1 des Ausgangsdreieckes ABC hat. (Abb. 49).

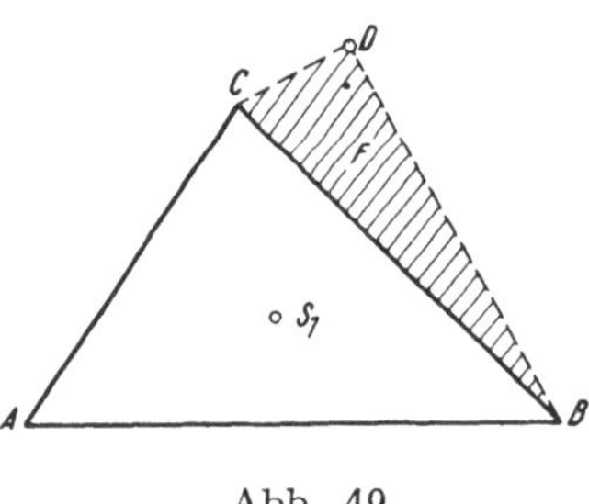

Abb. 49

5. Durch einen parallel zur Grundlinie AB des Dreieckes ABC geführten Schnitt DE (Abb. 50) soll ein Trapez abgeschnitten werden, dessen Schwerpunkt S eine vorgegebene Lage auf der Dreiecksschwerlinie t besitzt.

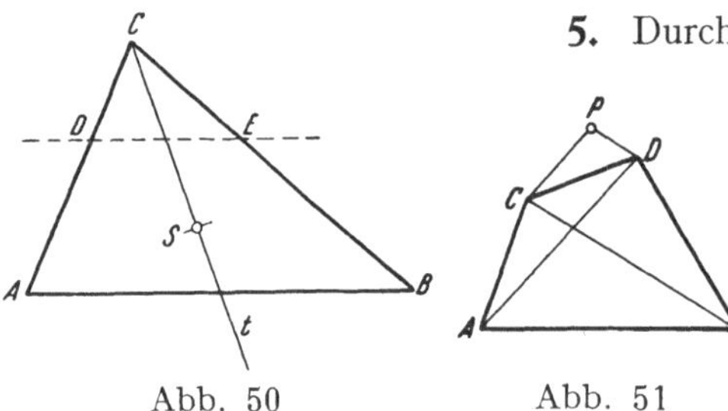

Abb. 50   Abb. 51

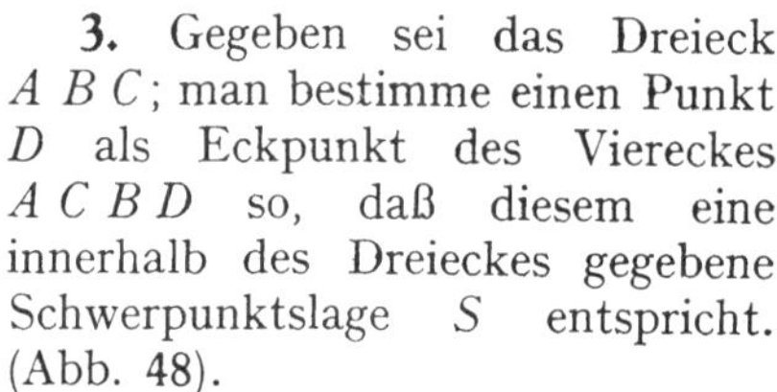

6. Man beweise folgenden Satz von *E. Henry*: Ist P der Schnittpunkt der durch die Ecken C, D des allgemeinen Viereckes $ABDC$ (Abb. 51)

zu den gegenüberliegenden Diagonalen AD und BC gezogenen Parallelen, so fällt der Schwerpunkt S
des Viereckes mit jenem des Dreieckes ABP zusammen.

7. Von einem beliebigen Dreiecke
ABC ist ein Teil so abzuschneiden,
daß der Schwerpunkt des entstehenden Viereckes $ABVU$ (Abb. 52)
eine vorgegebene Lage S erhält. Man
ermittle die Eckpunkte U und V.

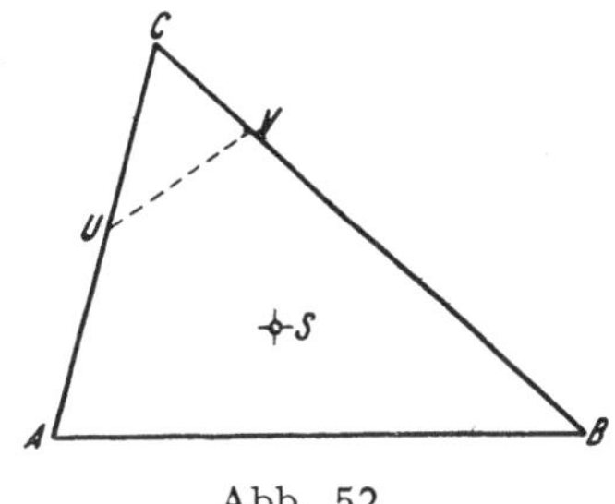

Abb. 52

8. Von einem Dreiecke ABC
(Fläche F_Δ) ist ein Teil ADE mit
gegebener Fläche $F = (1/n)\,F_\Delta$ so
abzuschneiden, daß der Schwerpunkt S_1 des verbleibenden Viereckes $BCED$ (Abb. 53) möglichst
weit vom Schwerpunkte S des gegebenen Dreieckes abrücke.

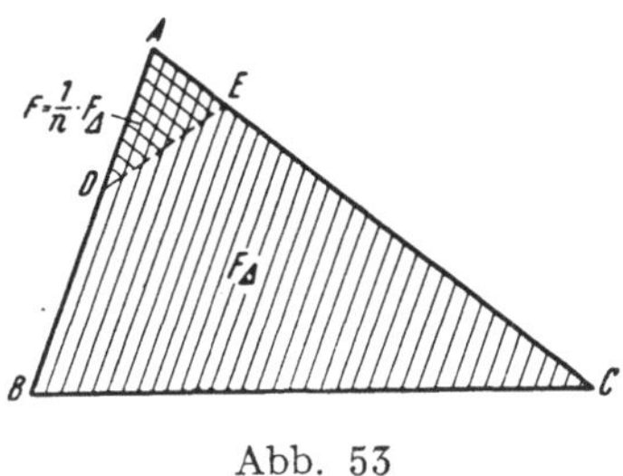

Abb. 53

Es sind die Ecken D und E zu ermitteln.

9. bis **14.** Man bestimme die Schwerpunktskoordinaten $(\xi,\ \eta)$ für
folgende gleichförmig mit Masse belegten Flächen in bezug auf die angegebenen Achsen:

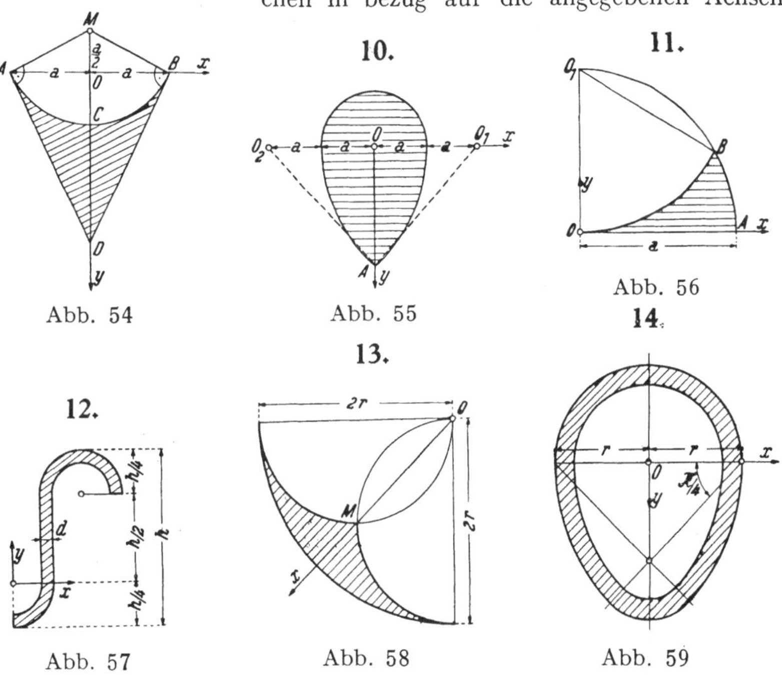

9.

Abb. 54

10.

Abb. 55

11.

Abb. 56

12.

Abb. 57

13.

Abb. 58

14.

Abb. 59

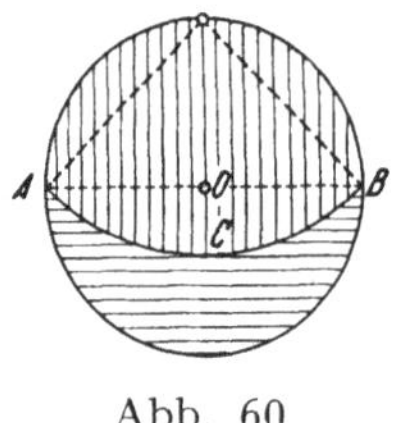

Abb. 60

15. Bestimme das Verhältnis der von O aus gemessenen Entfernungen der Schwerpunkte der beiden Teilflächen, in die ein Kreis (Abb. 60) durch den Bogen $A\,C\,B$ zerlegt wird.

16. Bestimme den Schwerpunkt der schraffierten Fläche und berechne den Inhalt des durch ihre Drehung um die Achse $O\,O_1$ entstehenden Rotationskörpers (Intze-Behälter). (Abb. 61).

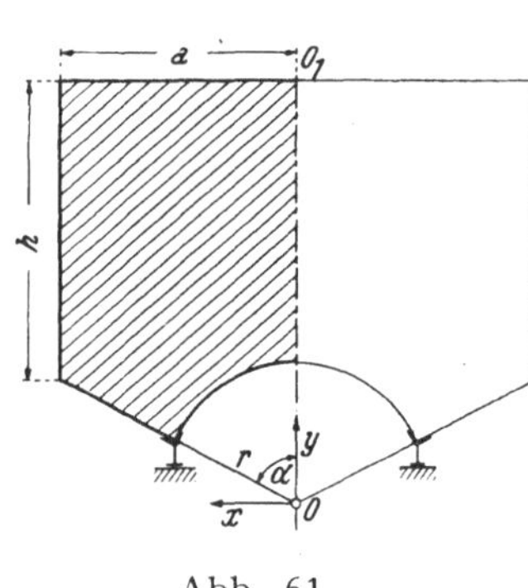

Abb. 61

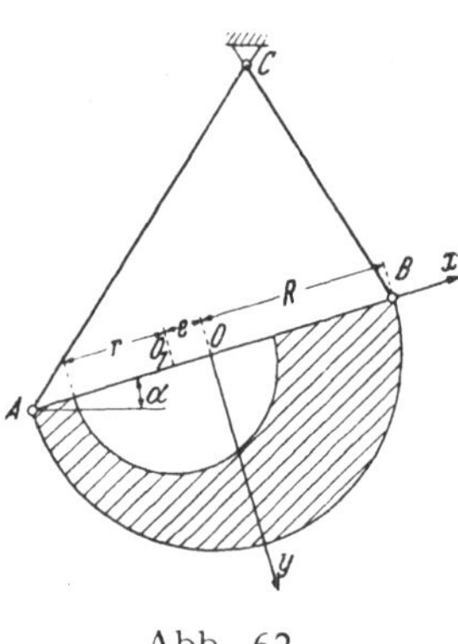

Abb. 62

17. Eine homogene, von zwei exzentrischen Halbkreisen berandete Platte vom Gewichte G sei an einem in A, B befestigten, durch einen glatten Ring bei C laufenden Seil von der Länge l in C aufgehängt (Abb. 62).

Wie groß ist die Exzentrizität $e = \overline{O\,O_1}$ der beiden Randkreise, wenn im Gleichgewichtsfalle der Durchmesser $A\,B$ unter α gegen die Waagrechte geneigt sein soll?

Man ermittle die Seilspannung und das Verhältnis der beiden Seilstücke $A\,C$ und $B\,C$.

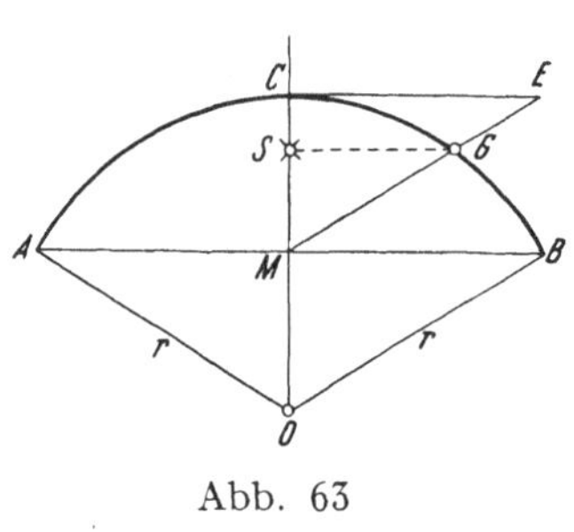

Abb. 63

18. Der Schwerpunkt eines gleichförmig mit Masse belegten Kreisbogens $A\,C\,B$ kann durch folgende einfache Näherungskonstruktion (Abb. 63) gefunden werden: Trage auf der Tangente im Scheitel C die Strecke $\overline{C\,E} = 6/7\,\overline{C\,B}$ auf und ziehe die Gerade $E\,M$, die den Bogen in G schneidet. Dann gibt die Projektion von G auf die Bogensymmetrale mit großer Genauigkeit die Lage des Schwerpunktes S.

Man beweise, daß nach diesem Verfahren der Schwerpunkt eines *Halbkreisbogens* auf 0,04% genau (also weit über die erreichbare Zeichengenauigkeit) festgelegt ist.

19. Man beweise die Richtigkeit folgender Konstruktion (Abb. 64) für den Inhalt eines Kreisabschnittes $A\,C\,B\,A$:

Lege durch den Schwerpunkt S des Bogens $A\,C\,B$ die Parallele zur Sehne $A\,B$ bis zum Schnitte G mit dem Bogen und bringe die in G auf $O\,G$ errichtete Senkrechte mit der Bogensymmetralen $O\,C$ in H zum Schnitte. Dann ist das Rechteck $H\,N\,B\,M$ flächengleich dem Segmente $A\,C\,B\,A$.

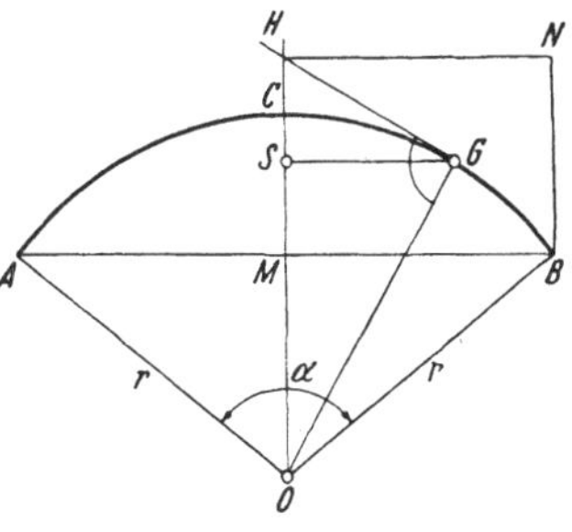

Abb. 64

III. Ebene Fachwerke

a) Kräftepläne

Man zeichne für die folgenden Fachwerke die den angegebenen Belastungen entsprechenden Kraftpläne.

1.

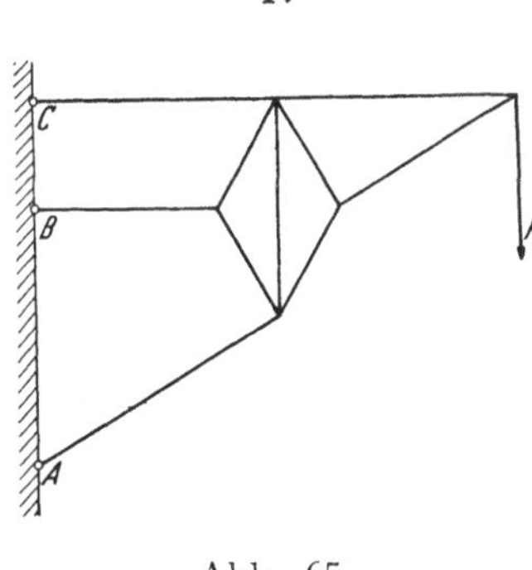

Abb. 65

2.

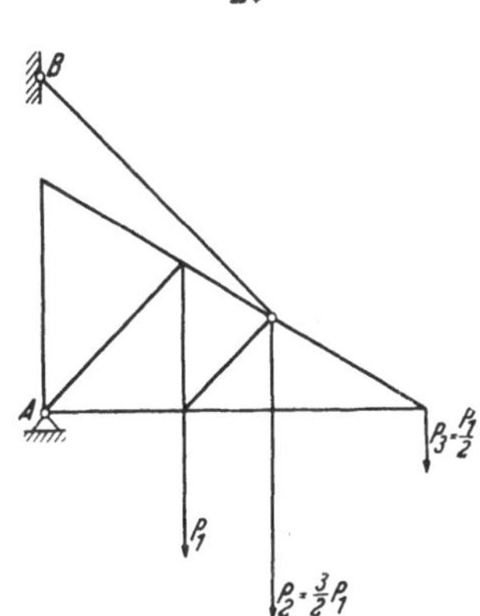

Abb. 66

3.

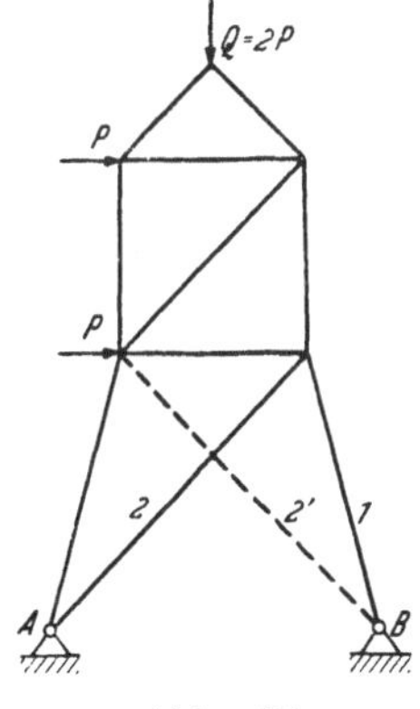

Abb. 67

3. Welche Änderung erfährt die Stabkraft im Stützstabe 1, wenn der Stab 2 durch den symmetrisch liegenden Stab 2′ ersetzt wird?

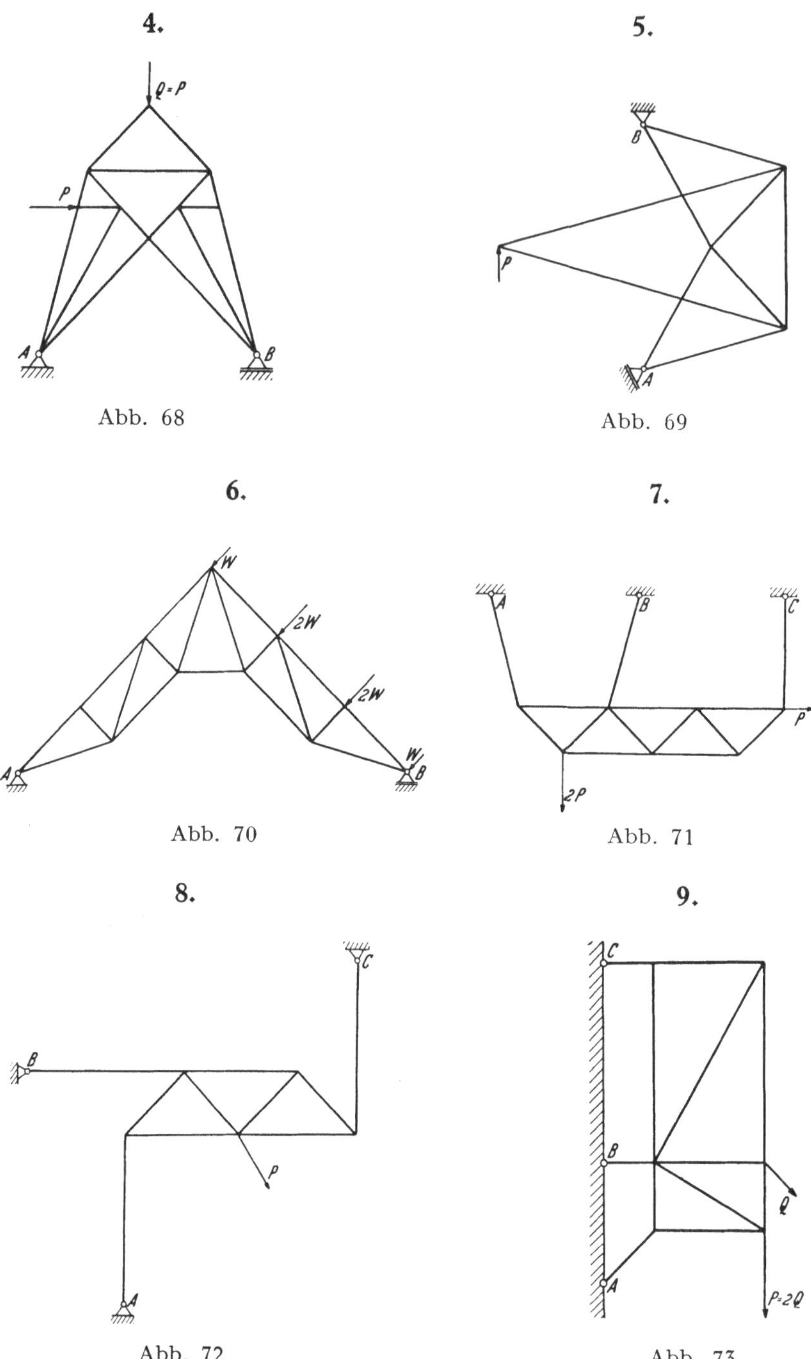

4.

Abb. 68

5.

Abb. 69

6.

Abb. 70

7.

Abb. 71

8.

Abb. 72

9.

Abb. 73

10.

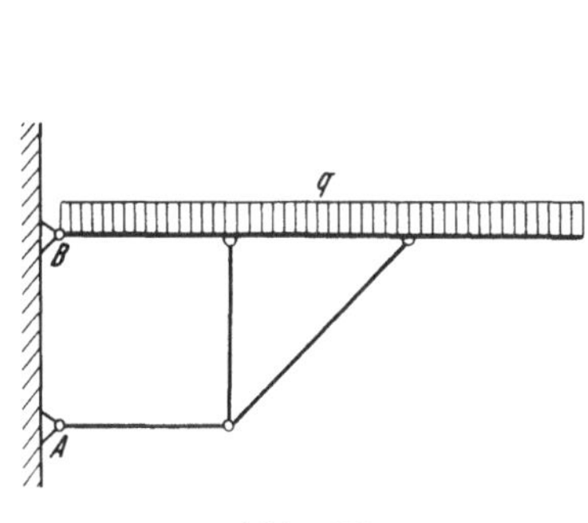

Abb. 74

11.

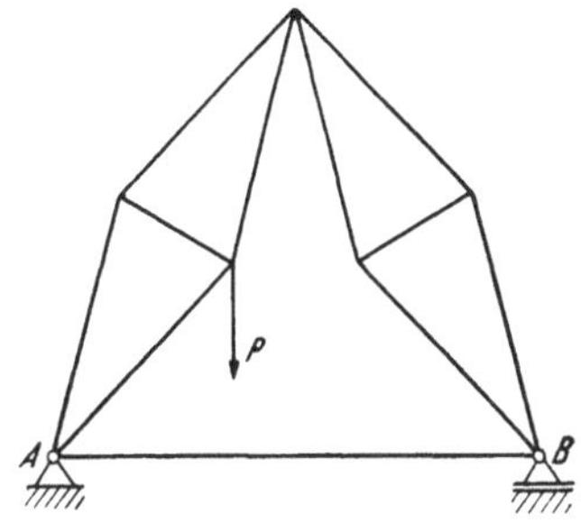

Abb. 75

12.

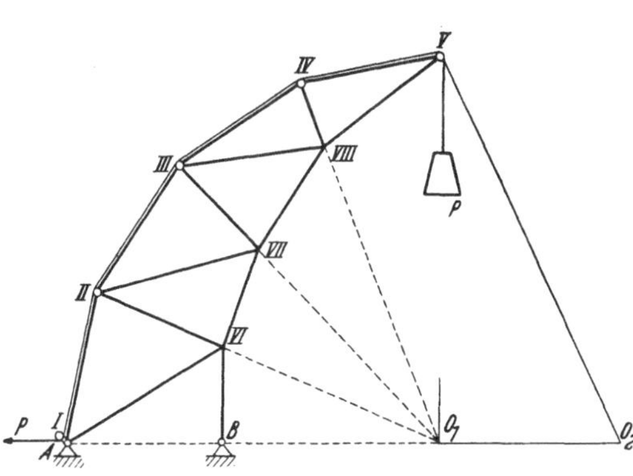

Abb. 76

12. In den Obergurtknoten eines Fachwerkkranes sitzen reibungsfreie Rollen, über die ein vollkommen biegsames Kabel führt, das zum Hochziehen der am rechten Ende angehängten Last P dient. Man ermittle die von den Rollen auf die Obergurtknoten I, II, III, IV, V übertragenen Knotenkräfte und zeichne den reziproken Kraftplan für das Fachwerk. Die Obergurtknoten liegen auf einem Viertelkreise vom Halbmesser $R = \overline{O_1 V}$ (Mittelpunkt O_1), die Untergurtknoten $VI, VII, VIII, V$ auf dem Kreise vom Halbmesser $\overline{O_2 V}$, wo $\overline{O_2 O_1} = R/2$.

13.

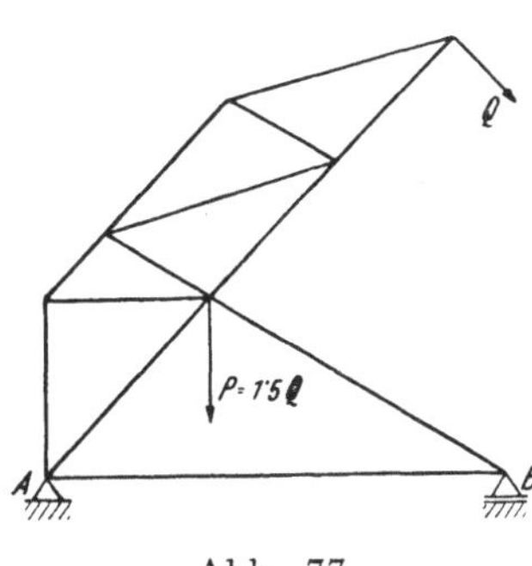

Abb. 77

14.

Abb. 78

15.

16.

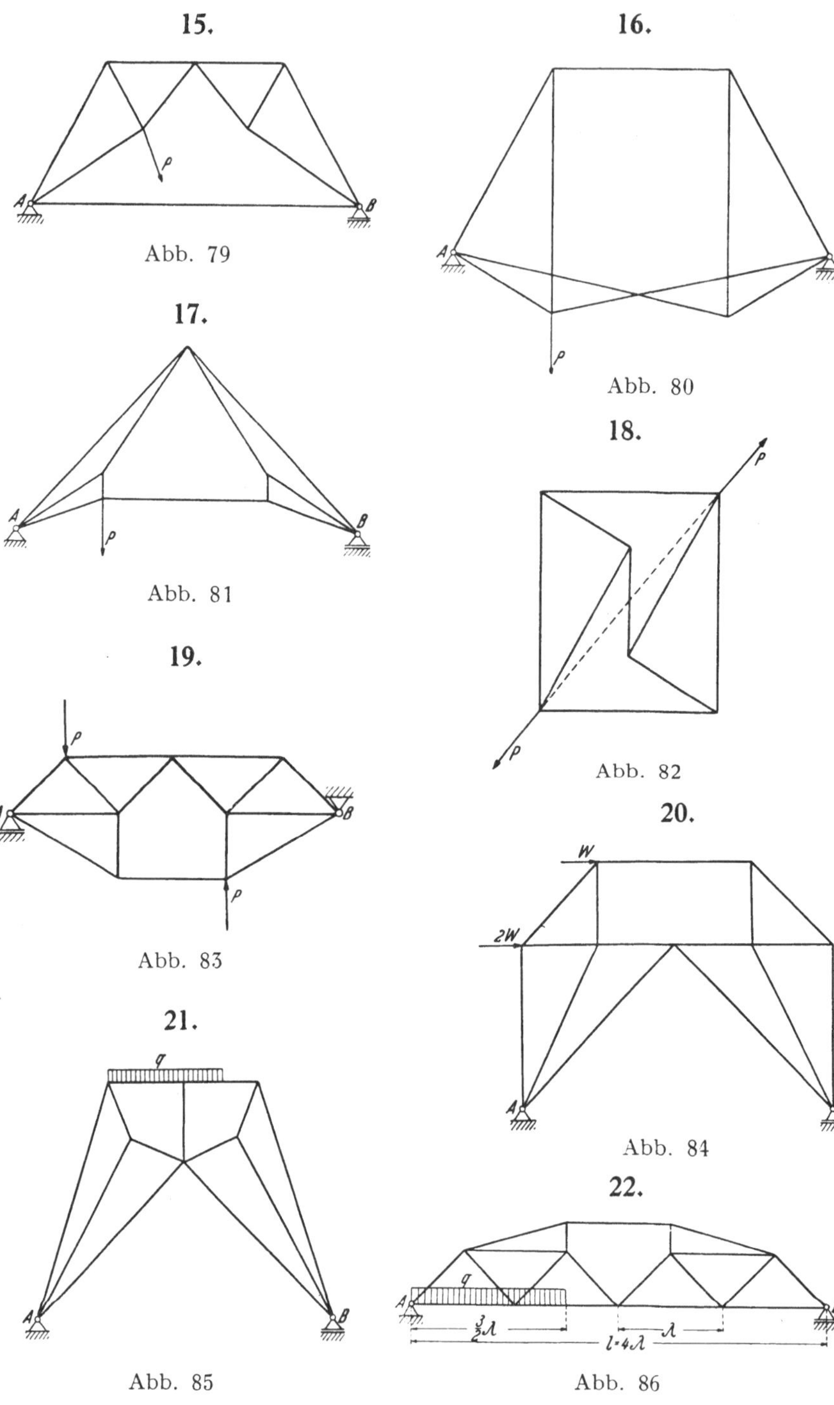

Abb. 79

Abb. 80

17.

18.

Abb. 81

Abb. 82

19.

20.

Abb. 83

Abb. 84

21.

22.

Abb. 85

Abb. 86

23.

24.

25.

26.

27.

28.

29.

30.

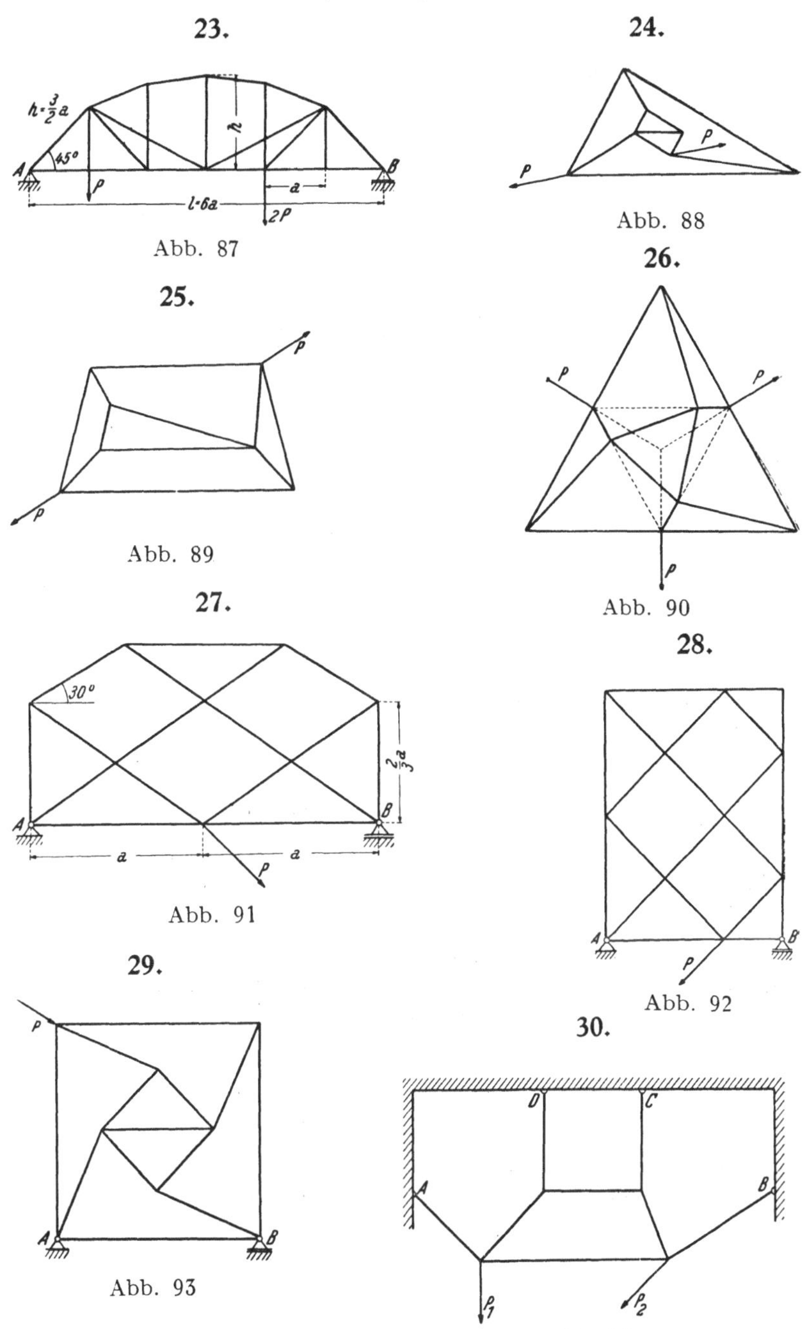

Abb. 87

Abb. 88

Abb. 89

Abb. 90

Abb. 91

Abb. 92

Abb. 93

Abb. 94

30. Man zeichne den reziproken
Kraftplan für das mit P_1, P_2 belastete Hängegerüst (s. Aufg. III b, 5).

31.

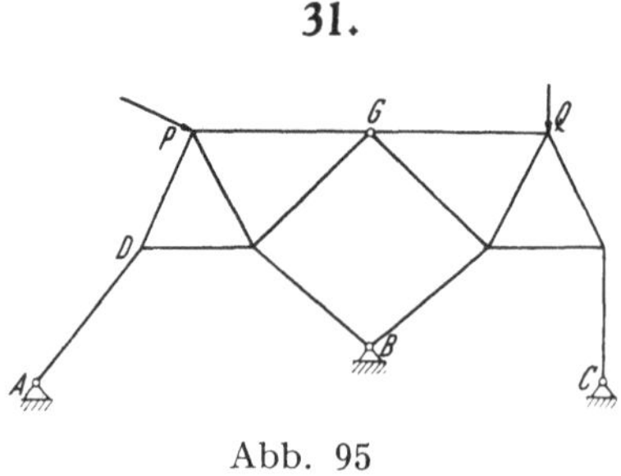

Abb. 95

32.

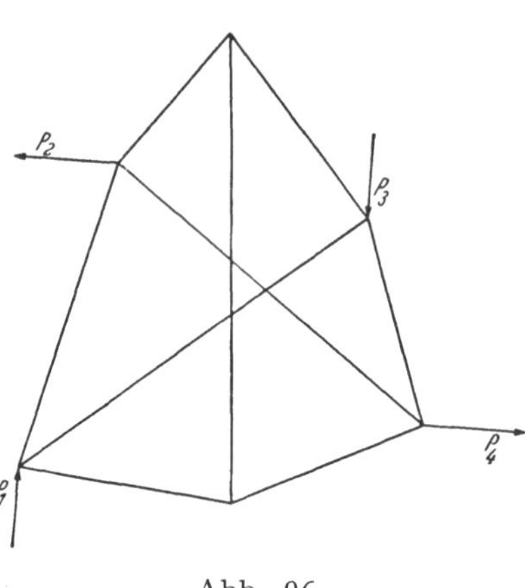

Abb. 96

31. Man ermittle für das in den festen Gelenken A, B, C gestützte, mit den Kräften P und Q belastete Fachwerk die Spannkräfte in den vier Stützstäben (s. Aufg. III b, 4).

32. Man zeichne für das durch vier Kräfte belastete, unregelmäßige Sechseck den zugehörigen Kraftplan (s. Aufg. III b, 6).

b) Der Ausnahmefall

1. Welche Möglichkeiten bestehen, um das Vorliegen des Ausnahmefalles bei einem ebenen statisch bestimmten Fachwerke zu entscheiden?

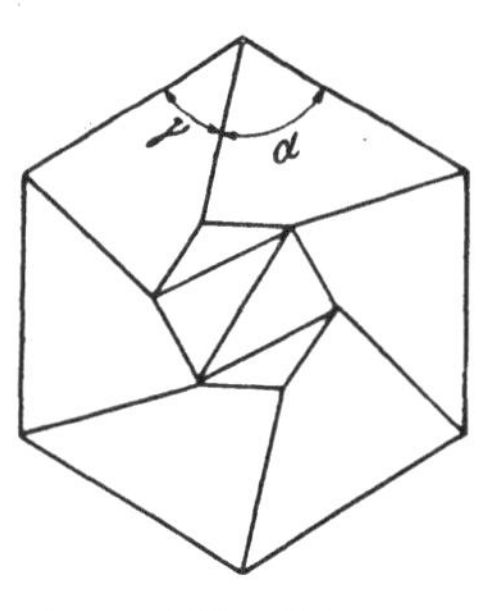

Abb. 97

2. Man beweise, daß das Fachwerk in Abb. 97 wackelig ist, wenn $\gamma = \alpha$ ist.

3. Bei welcher Verschiebungsrichtung des Gleitlagers C wird das Fachwerk in Aufg. I, 48 wackelig?

4. Welche Richtung des Stützstabes $D\,A$ muß bei dem Fachwerke der Aufg. III, a, 31 vermieden werden, damit es nicht wackelig werde?

5. Bei welcher Form des Stabwerkes in Aufg. III, a, 30 wird es beweglich?

6. Zeige, daß beim Fachwerk der Aufg. III, a, 32 der Ausnahmefall vorliegt, wenn das Sechseck ein Pascalsches ist.

IV. Biegungsmomente, Quer- und Längskräfte gerader Träger

1. Mit dem Träger $\overline{A\,B} =$ $= 3\,a$ (Abb. 98) ist das Stabsystem $C\,D\,E$ gelenkig verbunden. Man konstruiere für den Träger die Schaulinien für Biegungsmoment, Quer- und Längskraft bei Wirkung der lotrechten Kraft P ($a = 1$ m, $P = 500$ kg).

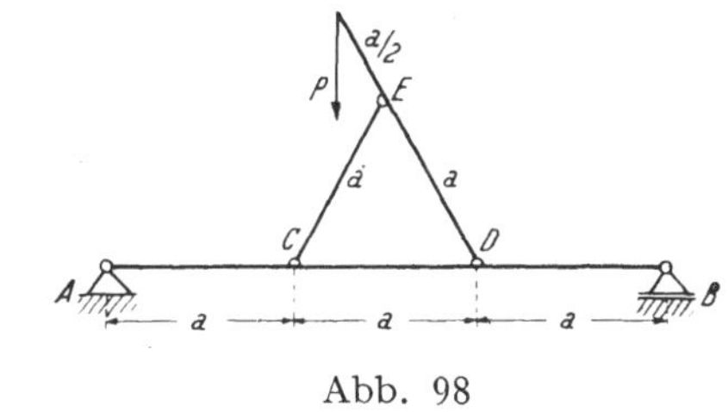
Abb. 98

2. Auf dem Träger $A\,B$ (Abb. 99) ist im festen Lager C und im Gleitlager D ein Kran gelagert. Man konstruiere die Schaulinie für die Biegungsmomente des Trägers $A\,B$ und zeichne den Kraftplan des Kranes für die Auslegerlast P.

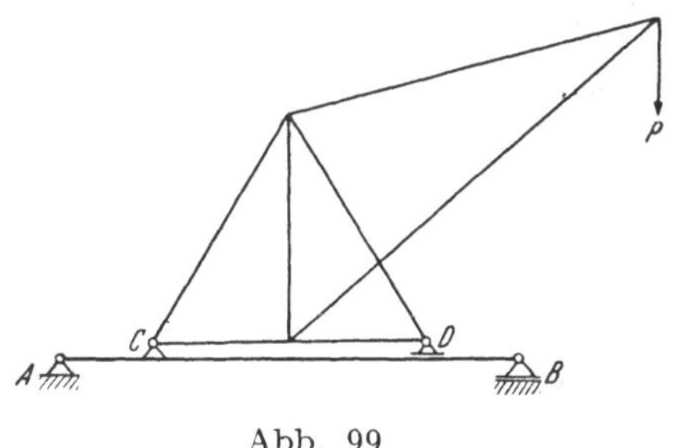
Abb. 99

3. Ein in A und B frei aufliegender Träger mit überhängendem Felde $\overline{B\,C} = a$ ist über seine ganze Länge $\overline{A\,C} = l$ mit q kg/m gleichförmig belastet. (Abb. 100).

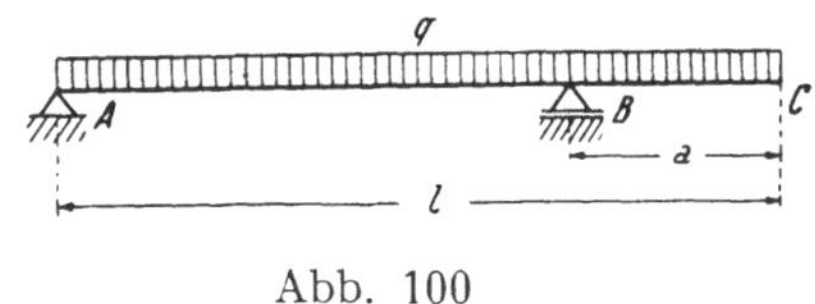
Abb. 100

Wie groß muß a/l gemacht werden, wenn das größte Moment im Felde $A\,B$ dem Betrage nach gleich sein soll dem Auflagermoment in B? Man zeichne die Schaulinie der Biegungsmomente.

Es ist $l = 10$ m und $q = 500$ kg/m.

4. Ein in A und B frei aufliegender Träger (Abb. 101) ist am Ende C des überhängenden Feldes $\overline{B\,C} = a$ mit P und im Felde $A\,B$ mit q gleichförmig belastet, wobei $P = q\,a$

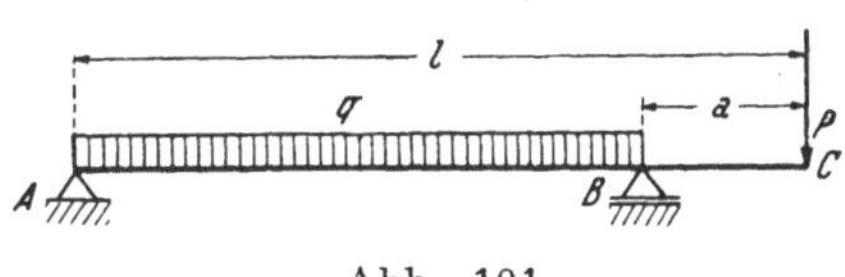
Abb. 101

ist. Wenn l die ganze Länge des Trägers $A\,C$ bezeichnet, soll a/l so bestimmt werden, daß das größte Moment im Felde $A\,B$ dem absoluten Werte nach übereinstimme mit dem Momente am Auflager B; zeichne die Schaulinie der Biegungsmomente.

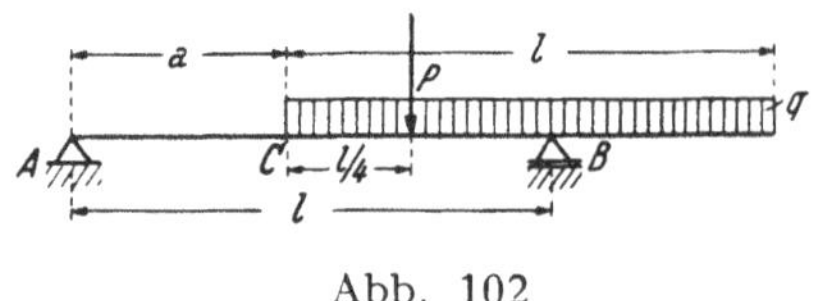

Abb. 102

5. Wie groß muß bei dem in Abb. 102 dargestellten Träger a/l gemacht werden, damit die Absolutwerte der Biegungsmomente in C und B einander gleich sind; zeichne die zugehörige Schaulinie der Biegungsmomente und Querkräfte. $P = \dfrac{2}{3} q\, l$.

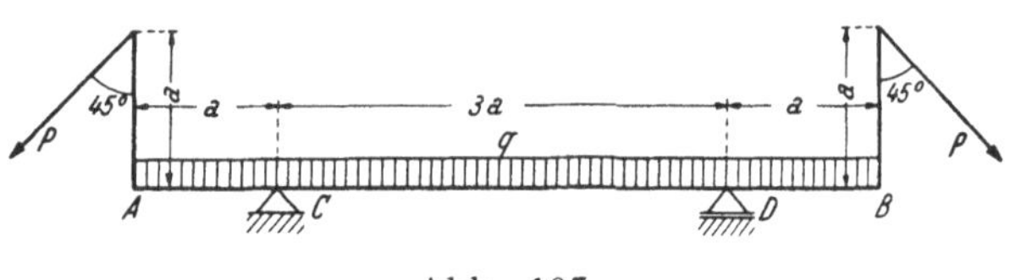

Abb. 103

6. Ein in C und D frei gelagerter steifer Halbrahmen (Abb. 103) ist an den Rahmenenden mit P symmetrisch belastet und trägt die gleichförmige Last q kg/m entlang des Trägers $A\,B$. Bei welchem Werte $P/q\,a$ sind die Biegungsmomente an den Trägerenden A, B und in Trägermitte gleich groß? Zeichne die Schaulinie der Biegungsmomente für den Halbrahmen mit $a = 0{,}8$ m, $q = 400$ kg/m.

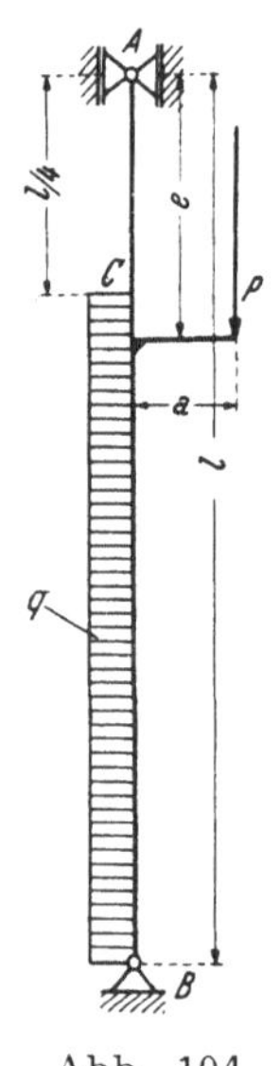

Abb. 104

7. Zeichne für einen exzentrisch mit der lotrechten Last P belasteten Träger $\overline{A\,B} = l$ (Abb. 104), der im Fußgelenk B und im Gleitlager A gelagert und waagrecht auf drei Viertel seiner Länge gleichförmig mit q kg/m belastet ist, die Schaulinie der Biegungsmomente. $l = 4$ m, $a = 0{,}5$ m, $e = 1{,}2$ m, $P = 600$ kg, $q = 200$ kg/m.

8. Ein mit einem Fortsatze F versehener Reibungsring von kreisrundem Querschnitte mit

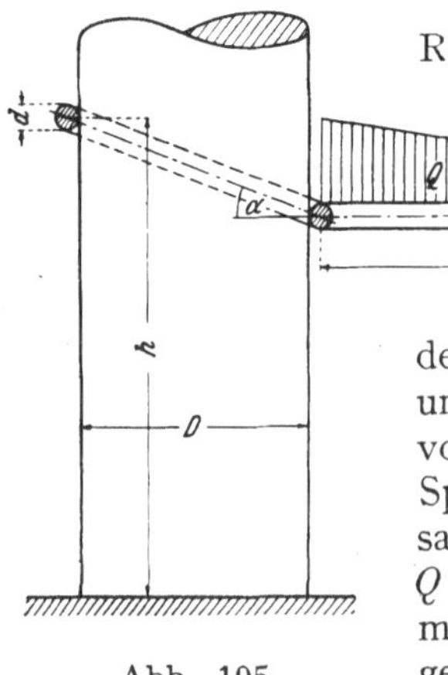

Abb. 105

dem Durchmesser d ist längs einer lotrechten, unten eingespannten Säule (Durchmesser D) von der Oberflächenrauhigkeit f mit kleinem Spiel verschieblich und soll die auf dem Fortsatze aufgebrachte dreieckförmig verteilte Last Q tragen. (Abb. 105). Welche Mindestlänge x muß der Fortsatz F erhalten, wenn f, d, D, α gegeben sind?

Zeichne nach Bestimmung von x die Schaulinie der Biegungsmomente für die Säule und für den Fortsatz F, dessen Eigengewicht zu vernachlässigen ist.

Zahlenangaben: $D = 50$ cm, $d = D/8$, $a = 20^0$, $f = 0,15$, $Q = 80$ kg.

9. Ein steifer Halbrahmen ABC (Abb. 106) ist im festen Gelenk A und im Gleitlager C gelagert. In den Punkten D, E des Riegels AB ist ein absolut biegsames Kabel von gegebener Länge l aufgehängt. Entlang des Kabels kann eine kleine Rolle, die eine lotrechte Last Q trägt, reibungsfrei gleiten.

Man berechne für die Gleichgewichtslage von Q die waagrechte Entfernung x der Lastwirkungslinie von E und zeichne das Kabel in der Gleichgewichtslage.

Für diese Lage ist die Schaulinie der Biegungsmomente des Riegels AB zu zeichnen und Ort und Größe des größten Biegungsmomentes zu bestimmen.

$Q = 800$ kg, $a = 1$ m, $l = 4a$, $a = 30^0$.

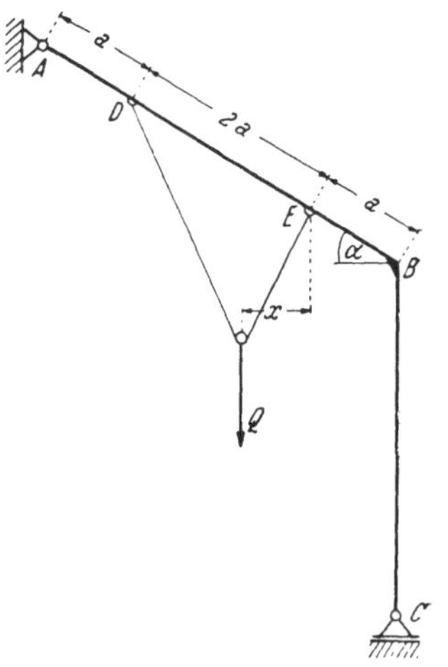

Abb. 106

10. Ein bei A eingespannter, bei B waagrecht verschieblich gelagerter Gerberträger (Abb. 107), dessen Gelenk C in Trägermitte liegt, ist im Bereiche AC mit q kg/m und

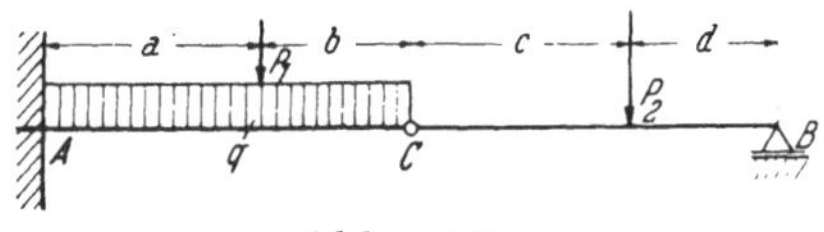

Abb. 107

mit P_1, im Felde CB mit P_2 belastet. Man zeichne die Schaulinie der Biegungsmomente und entnehme daraus Ort und Betrag des $\pm M_{max}$.

$a = c = 3$ m, $b = d = 2$ m, $q = 200$ kg/m, $P_2 = 2 P_1 = 1600$ kg.

11. Ein Gerberträger AGB (Abb. 108) trägt in C und D ein rechteckiges Stabgerüst, das in den oberen Ecken mit den unter β a, gegen die Lotrechte geneigten Kräften P_1, P_2 belastet ist.

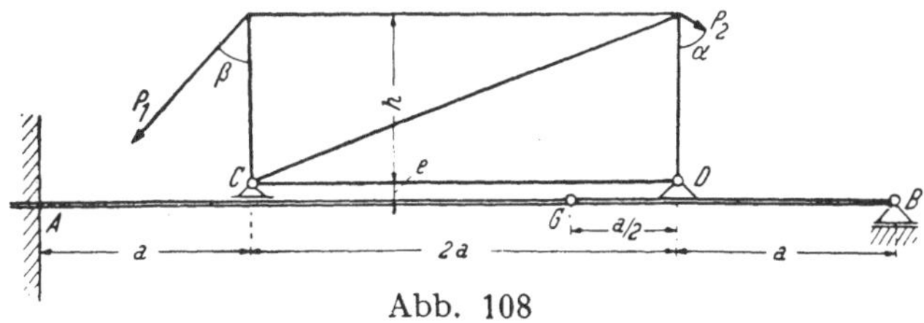

Abb. 108

Man ermittle durch Zeichnung der Momenten- und Querkraftschaulinie die Größtwerte von M und Q.

$P_1 = 10 P_2 = 500$ kg, $a = 2$ m, $h = 1,5$ m, $a = 60^0$, $\beta = 45^0$.

12. Ein auf vier Stützen gelagerter Gerberträger (Abb. 109) ist über seine ganze Länge $L = 2\,l + l_1$ mit q kg/m gleichförmig und in der Mitte des Einhängträgers $G_1\,G_2$ mit $P = q\,l$ belastet. In welcher Entfernung z von den Auflagern B und C müssen die Gelenke G angeordnet werden, wenn die absoluten Werte der Biegungsmomente in B und in der Mitte des Einhängträgers gleich groß sein sollen?

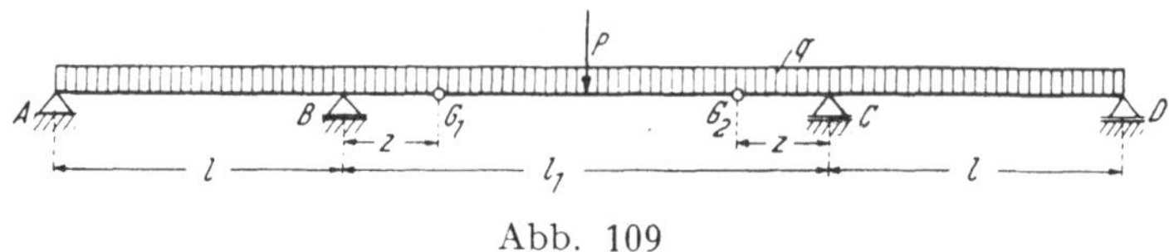

Abb. 109

Zeichne die Schaulinie für die Biegungsmomente und bestimme daraus $\pm M_{max}$ sowie die Größe der Gelenk- und Auflagerdrücke.
$l_1 = 8$ m, $l = 4{,}8$ m, $q = 500$ kg/m.

13. In welcher Entfernung a von den Auflagern B und C müssen bei einem auf vier Stützen gelagerten Gerberträger (Abb. 110) die

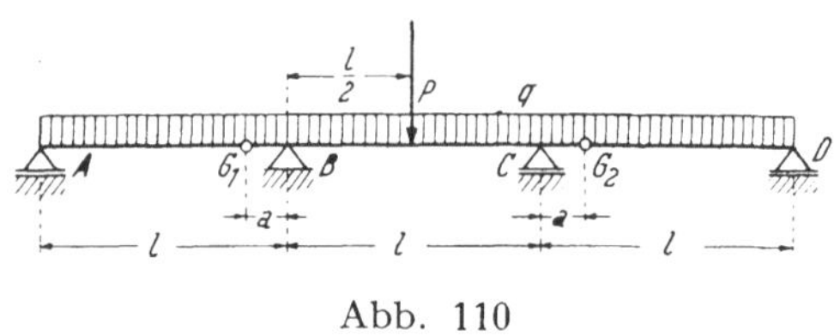

Abb. 110

beiden Gelenke G_1, G_2 in den Außenfeldern angeordnet werden, damit das Stützenmoment bei B dem Absolutbetrage nach gleich dem größten Momente im Schleppträger $A\,G_1$ werde? Der Gerberträger ist über seine ganze Länge $3\,l$ gleichförmig mit q kg/m und in der Mitte mit P belastet.

Zeichne die Schaulinie für die Biegungsmomente und bestimme daraus den Wert des Biegungsmomentes an der Laststelle P sowie die Größe der Auflager- und Gelenkdrücke. $l = 4$ m, $P = \dfrac{q\,l}{2}$, $q = 500$ kg/m.

14. Ein über vier Stützen durchlaufender Gerberträger mit drei gleichen Feldern l (Abb. 111) ist in den beiden Einhängträgern mit P_1

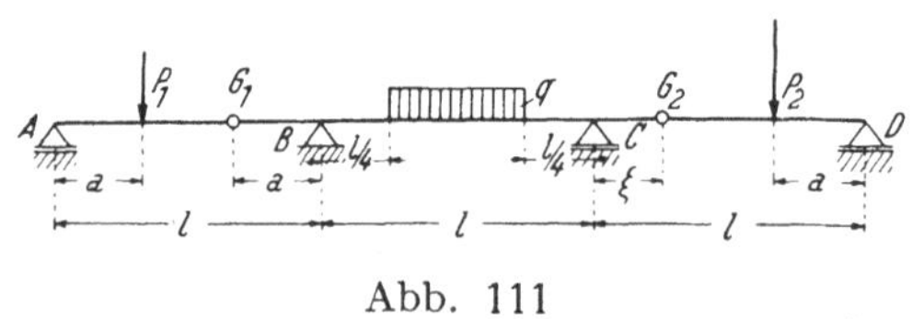

Abb. 111

und $P_2 = 3/2\,P_1$ und im Mittelfelde gleichförmig mit q kg/m auf eine Länge $l/2$ belastet. Die Lage des Gelenkes G_1 ist durch $a = l/3$ gegeben. In welcher Entfernung ξ von C muß das Gelenk G_2 in der dritten Öffnung angeordnet werden, wenn die Auflagermomente bei B und C einander gleich sein sollen? Man löse die Aufgabe zeichnerisch und gebe die Werte für $\pm M_{max}$ an, wenn $P = 4^t$, $q = 400$ kg/m, $l = 9$ m.

15. Ein biegungsfester Träger $A\,B$ (Abb. 112) ist in O_1, O_2 durch die Stäbe 1, 2 nach M_1, M_2 abgestützt und am linken Ende A mit der lotrechten Last P, im Bereiche $C\,D$ gleichförmig mit q kg/m belastet. Welche Kraft K muß in der gegebenen Wirkungslinie l am rechten Ende B zur Herstellung des Gleichgewichtes wirken? Man zeichne die Schaulinien der Biegungsmomente und Längskräfte des Trägers $A\,B$ und bestimme daraus Ort und Größe ihrer maximalen Werte. $a = 0{,}6$ m, $P = 200$ kg, $q = 300$ kg/m.

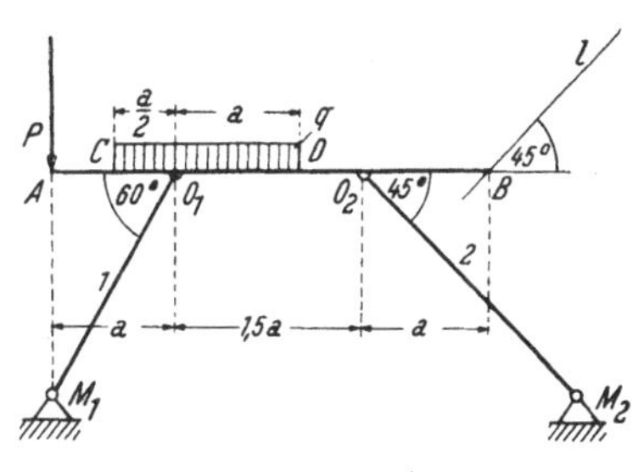

Abb. 112

16. Ein in A, B, C gestützter Gerberträger (Abb. 113) ist in M mit $-P$ und am freien Ende N mit $+P$ belastet. Die Walzenstütze C ruht auf einem in E, F frei aufliegenden Hilfsträger.

Man zeichne die Schaulinien der Biegungsmomente des Trägers $A\,N$ und des Hilfsträgers und gebe an, welche Last der Hilfsträger in C aufzunehmen hat. Das Eigengewicht ist zu vernachlässigen. $a = 4$ m, $P = 1000$ kg.

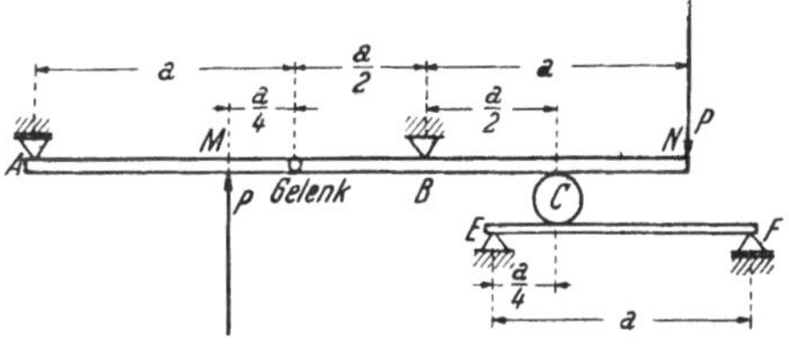

Abb. 113

17. Ein starres Stabsystem (Abb. 114) ist im festen Gelenk A und in den waagrecht verschieblichen Gelenken B, C gelagert und besitzt im Scheitel D der rechten Bogenöffnung ein Gelenk. Es ist mit einer lotrechten Last P und einer waagrechten Kraft W und mit einer gleichförmigen waagrechten Belastung $W_1 = P$ belastet. Man konstruiere die Gelenkdrücke in A und D und das Biegungsmoment im Scheitel des linken Bogens.

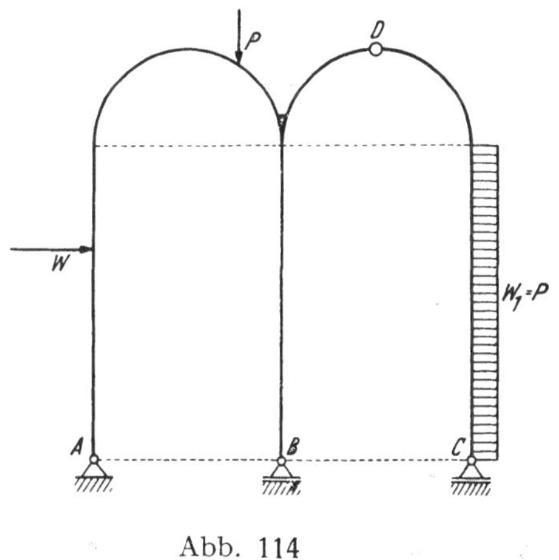

Abb. 114

18. Der Holm AB eines Flugzeugflügels (Abb. 115) ist in A gelenkig an den Rumpf angeschlossen und durch die Strebe CD abgestützt, die im Gelenke D mit dem starren Arme FD verbunden ist. Die Luftkräfte wirken mit q kg/m gleichförmig nach aufwärts.

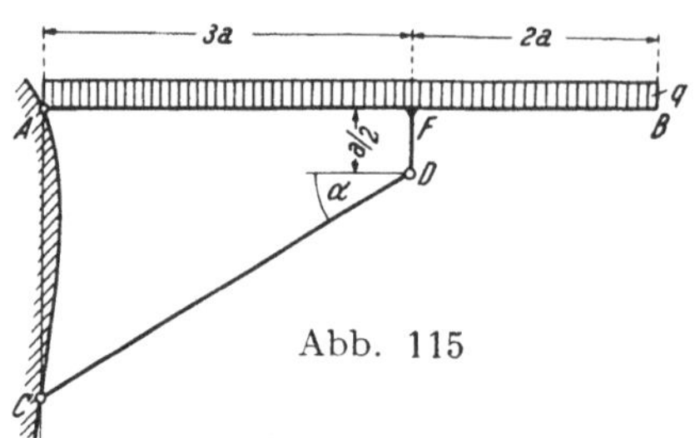

Abb. 115

Man zeichne die Schaulinien für die Biegungsmomente, Quer- und Längskräfte des Holmes und bestimme Ort und Betrag von $\pm M_{max}$ mit den Angaben $q = 200$ kg/m, $a = 1$ m, $\alpha = 30^0$.

V. Dreigelenkbogen

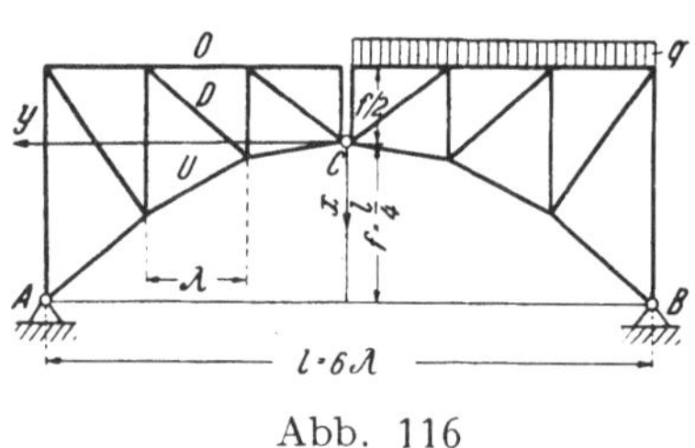

Abb. 116

1. Man berechne die Spannkräfte in den Stäben ODU des Dreigelenkbogens ABC (Abb. 116) mit der Pfeilhöhe $f = l/4$ bei halbseitiger gleichmäßig verteilter Belastung q t/m. Die Untergurtknoten liegen auf einer Parabel.

2. Man beweise, daß für den parabolischen Dreigelenkbogen (Abb. 117) bei gleichmäßig verteilter Vollbelastung das Biegungsmoment an jeder Bogenstelle verschwindet. Wie groß sind die Gelenkdrücke sowie Quer- und Normalkraft an beliebiger Bogenstelle?

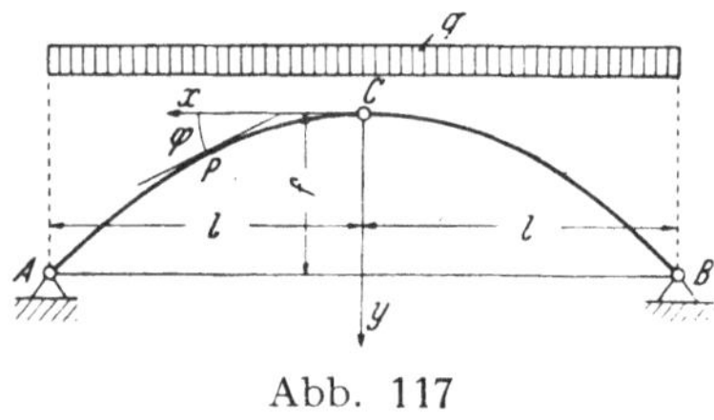

Abb. 117

3. Man ermittle Ort und Größe des größten Biegungsmomentes des halbseitig mit q gleichmäßig belasteten symmetrischen Dreigelenkbogens.

$$2l = 6 \text{ m}, \quad f = 1 \text{ m}, \quad q = 200 \text{ kg/m}.$$

Wie groß ist der Gelenkdruck im linken Kämpfergelenk?

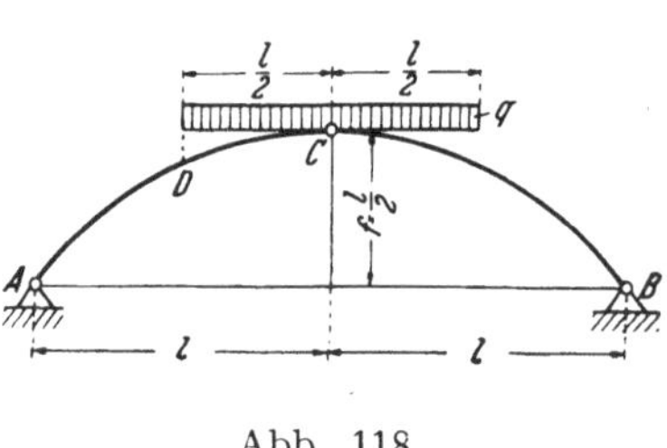

Abb. 118

4. Man berechne für den nach Abb. 118 belasteten parabolischen Dreigelenkbogen das Biegungsmoment an der Stelle D sowie Größe und Richtung der Gelenkdrücke bei B und C.

5. Man konstruiere für das Tragwerk in Abb. 119 mit den drei Gelenken $A\,B\,C$ die dort infolge der Belastung P und Q entstehenden Gelenkdrücke, ferner das Biegungsmoment an der steifen Ecke D und die Stabkräfte in dem als Fachwerk ausgebildeten Ständer $A\,C$.

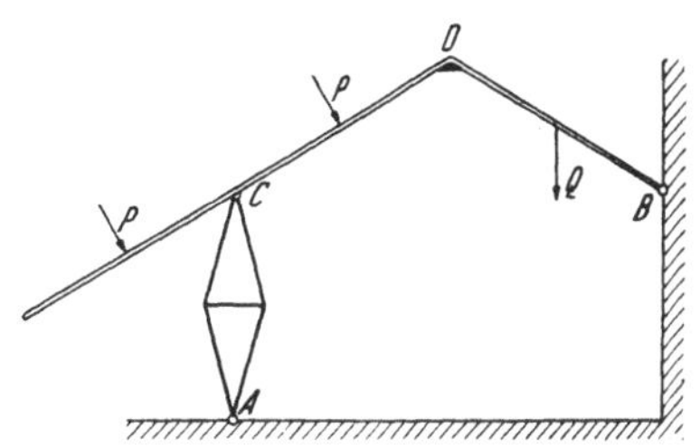

Abb. 119

6. Man entwerfe den reziproken Kraftplan für den mit den vier Kräften $2\,W$, W, $2\,P$, P belasteten symmetrischen Dreigelenk-Fachwerkbogen mit $W = P$. (Abb. 120).

7. Es ist der reziproke Kraftplan für den mit $3\,P$ und $-\,P$ belasteten Dreigelenk-Fachwerkbogen mit Zugband zu konstruieren. (Abb. 121).

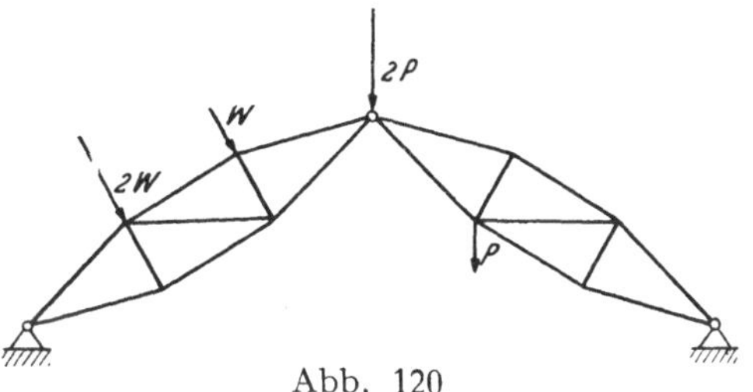

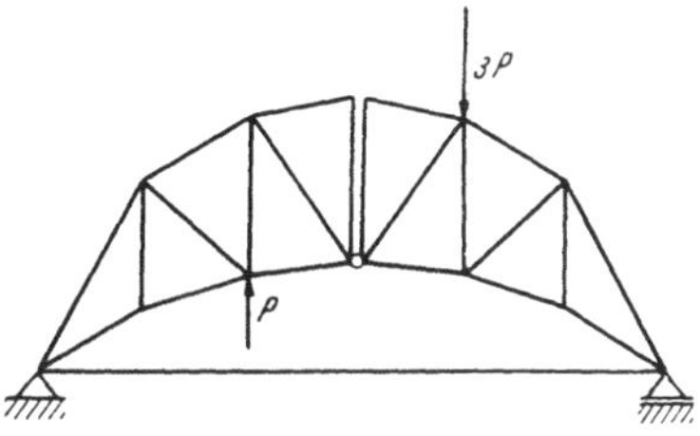

Abb. 120

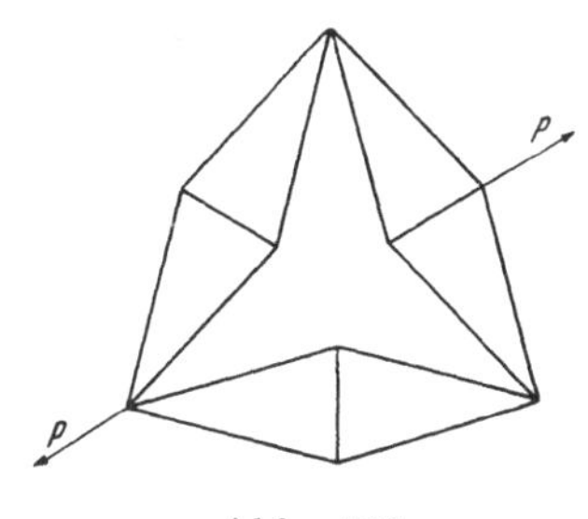

Abb. 121

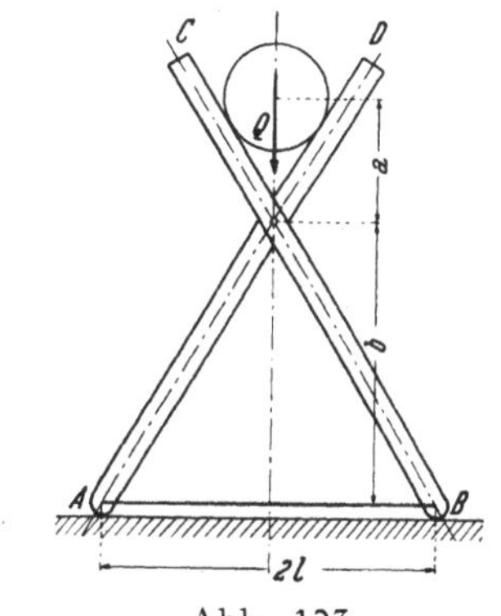

Abb. 122

8. Drei Fachwerkscheiben (Abb. 122) sind in drei Gelenken miteinander verbunden und mit $+ P$, $- P$ belastet; konstruiere den reziproken Kraftplan.

9. Das durch eine Walze vom Gewichte Q belastete Bockgerüst ruht auf waagrechtem, glattem Boden; ein Ausweichen der Punkte A und B ist durch ein sie verbindendes Seil verhindert. (Abb. 123).

Man zeichne die Schaulinien der Biegungsmomente, Quer- und Längskräfte des Balkens $B\,C$ und ermittle die Seilkraft.

$Q = 80\,\mathrm{kg}$, $2l = 70\,\mathrm{cm}$, $a = 25\,\mathrm{cm}$, $b = 55\,\mathrm{cm}$.

Abb. 123

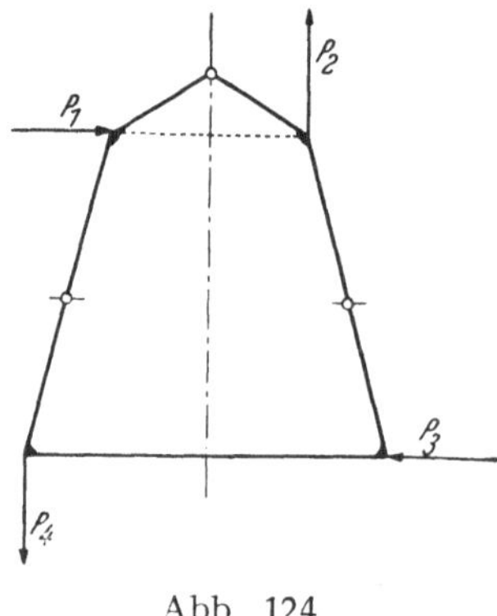

Abb. 124

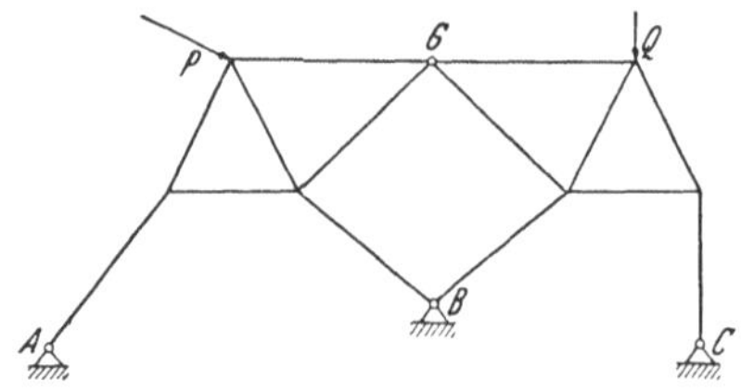

Abb. 125

10. Ein Dreigelenkrahmen (Abb. 124) sei durch vier in den steifen Ecken angreifende Kräfte belastet, die eine Gleichgewichtsgruppe bilden.

Man konstruiere die Gelenkdrücke und die Schaulinien der Biegungsmomente, Quer- und Längskräfte.

11. Man konstruiere für das in den festen Gelenken A, B, C gestützte, mit den Kräften P und Q belastete Stabsystem (Abb. 125) die Gelenkdrücke in A, B, C und G.

VI. Raumkraftsystem

1. Wie bestimmt man die Dyname eines gegebenen Raumkraftsystems?

2. Für ein gegebenes Raumkraftsystem soll ein ihm äquivalentes Kraftkreuz (Kraftdyade) ermittelt werden.

3. Gegeben sei die Dyname $\Re$, $\Mm$ und eine durch den Punkt A_1 $(\overrightarrow{OA_1} = \mathfrak{a}_1)$ gelegte Gerade g_1 (Abb. 126), welche die Wirkungslinie von $\Re$ nicht schneidet. Man ermittle die zu g_1 konjugierte Gerade g_2.

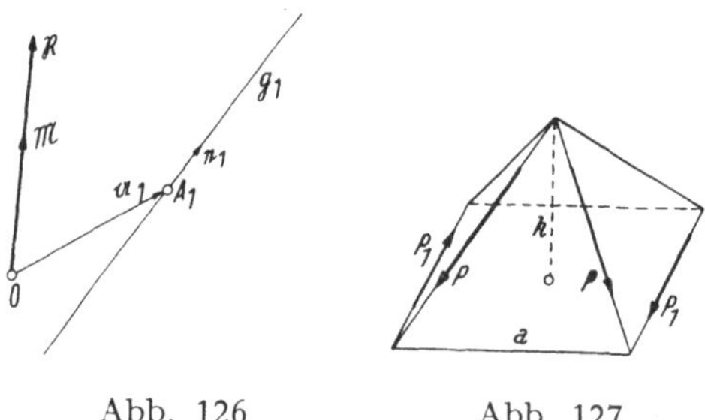

Abb. 126   Abb. 127

4. In vier Seiten einer Pyramide mit quadratischer Grundfläche a^2 und der Höhe h (Abb. 127) wirken vier Kräfte P und P_1, die den entsprechenden Seitenlängen proportional und zu je zweien gleich groß sind.
Man ermittle deren Dyname und die Zentralachse.

5. Es ist die Dyname und Zentralachse der drei nach Abb. 128 gegebenen Kräfte $\mathfrak{P}_1\,\mathfrak{P}_2\,\mathfrak{P}_3$ zu bestimmen.

6. Welche Kräfte Q hat man dem in den Kanten $O\,A$ und $E\,D$ eines Würfels von der Seitenlänge a wirkenden orthogonalen Kraft-

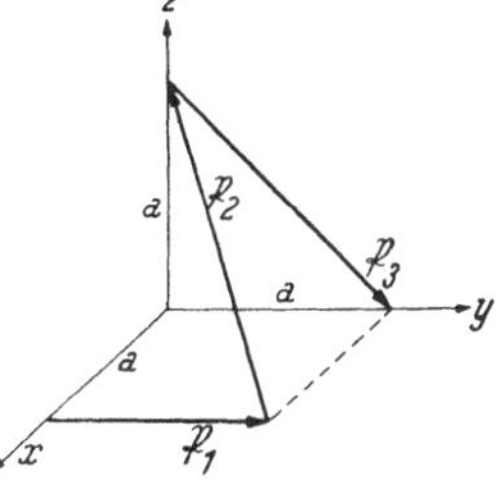

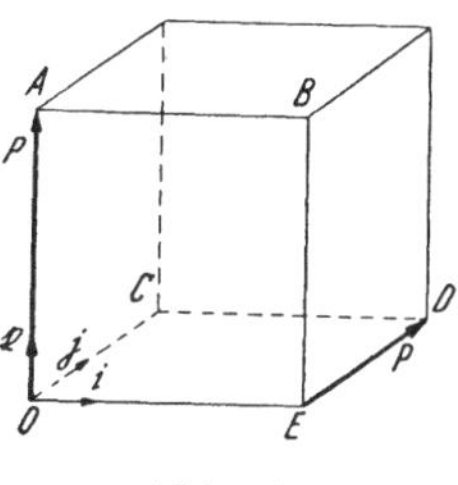

Abb. 128

Abb. 129

kreuze in $A\,B$ und $C\,D$ (Abb. 129) hinzuzufügen, damit sich die Gesamtwirkung auf eine Einzelkraft reduziere?

Welche Größe, Richtung und Wirkungslinie besitzt sie?

7. Drei gleichlange Stäbe von der Länge l stützen sich in $A\,B\,C$ auf eine glatte waagrechte Ebene und sind in D durch ein Gewicht Q belastet (Abb. 130). Ein Ausweichen der Stützpunkte, die in den Ecken eines gleichseitigen Dreieckes mit den Seiten l liegen, sei durch eine sie knapp oberhalb der Stützpunkte verbindende Schnur verhindert. Wie stark wird die Schnur gespannt? Welche Kräfte entstehen in den drei Stäben?

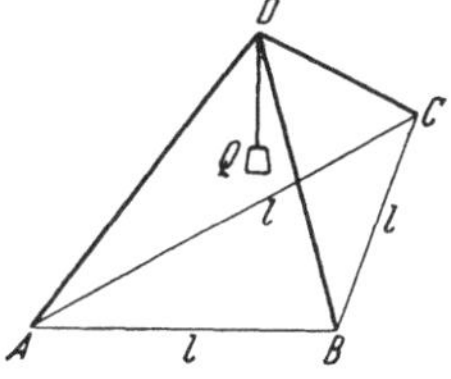

Abb. 130

8. Ein im Kugelgelenk O drehbarer Stab $\overline{O\,A} = l$ vom Gewichte G stützt sich in A an eine von O um c entfernte glatte lotrechte Wand ε. (Abb. 131). Er wird durch ein in A angeknüpftes, durch den Ring R laufendes und mit Q gespanntes undehnbares Seil im Gleichgewicht gehalten. Man berechne für Gleichgewicht den Winkel φ von $O_1\,A$ gegen die Lotrechte sowie Größe und Richtung des Gelenkdruckes in O.

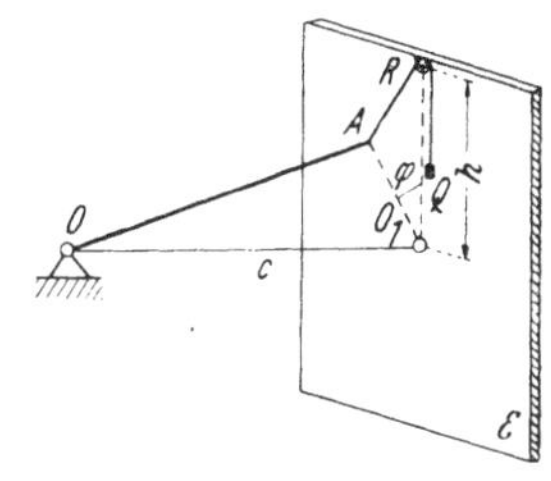

Abb. 131

9. Ein räumliches Kraftsystem sei durch den im Ursprung O angesetzten Vektor $\mathfrak{P}$ und durch $\mathfrak{M}_0$ gegeben, wobei $\mathfrak{M}_0$ und $\mathfrak{P}$ nicht zusammenfallen. Durch Hinzufügen einer ihrer Größe und Richtung nach gegebenen Kraft $\mathfrak{Q}$ soll erreicht werden, daß die Zentralachse der resultierenden Dyname aus $\mathfrak{P}$, $\mathfrak{Q}$ und $\mathfrak{M}_0$ durch einen gegebenen Punkt D gehe $(\overrightarrow{O\,D} = \mathfrak{d})$.

Man berechne die Bestimmungsstücke der Dyname mit den Angaben

$$\text{(kg)}\quad \mathfrak{P} = \begin{cases} 0 \\ 2, \\ 1 \end{cases} \quad \text{(kg cm)}\quad \mathfrak{M}_0 = \begin{cases} -4 \\ 4, \\ 4 \end{cases} \quad \text{(kg)}\quad \mathfrak{Q} = \begin{cases} 3 \\ 0, \\ 3 \end{cases} \quad \text{(cm)}\quad \mathfrak{d} = \begin{cases} 0 \\ 3 \\ 2 \end{cases}.$$

10. Ein rechteckiger homogener schwerer Deckel ($G = 18$ kg) wird nach Abb. 132 durch einen bei C angesetzten Stab in E abgestützt.

Wie groß ist die Stabkraft?

Welche Drücke treten in A und B auf?

$\overline{A\,B} = 100$ cm, $\overline{A\,C} = \overline{A\,E} = 60$ cm.

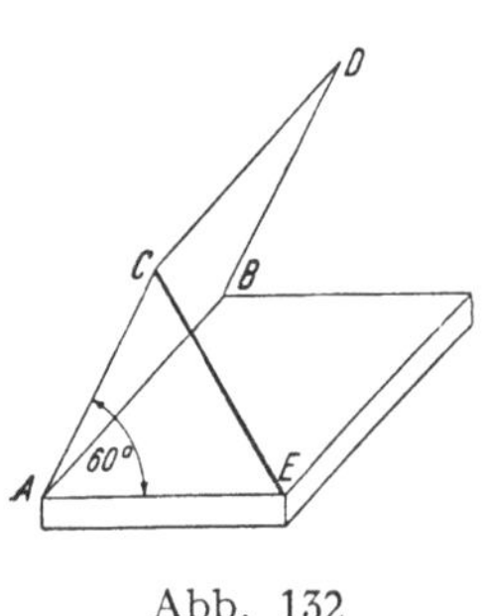

Abb. 132

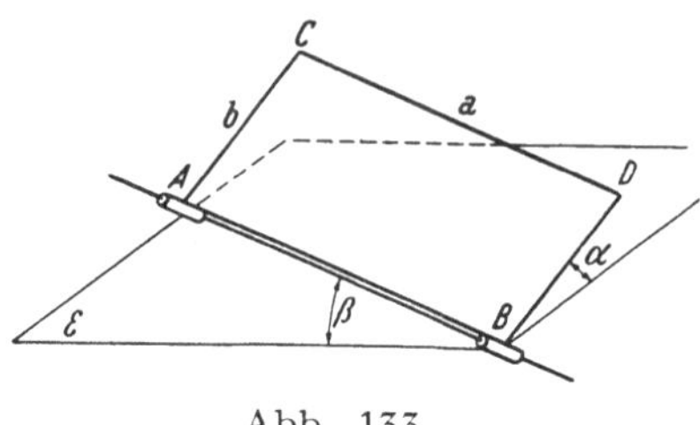

Abb. 133

11. Eine homogene rechteckige Platte $a \cdot b$ vom Gewichte G kann in den kreisrunden Hülsen A, B an einer glatten Stange gleiten, die unter β gegen die Waagrechte geneigt ist (Abb. 133). In der durch $C\,D$ gelegten Normalebene zur Platte wirke im Punkte D eine Kraft $\mathfrak{P}$, welche die Platte mit der Neigung α gegen die waagrechte Ebene ε im Gleichgewicht halten soll.

Man bestimme $\mathfrak{P}$ nach Größe und Richtung und ermittle die Hülsendrücke in A und B.

12. Zwei in den Kugelgelenken A und B (Abb. 134) gelagerte dünne Stangen stützen sich in E aneinander und sind in C und D mit zwei Kräften $\mathfrak{P}$ und $\mathfrak{Q}$ belastet, die einer gegebenen Ebene ε parallel sein sollen. Von $\mathfrak{P}$ ist der Betrag P gegeben. Man konstruiere die Richtung von $\mathfrak{P}$, ferner Größe und Richtung von $\mathfrak{Q}$ sowie die Gelenkdrücke in A und B.

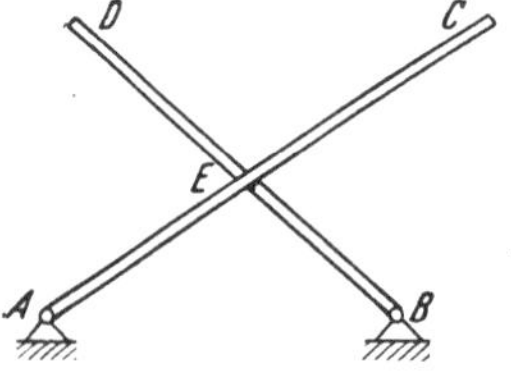

Abb. 134

13. Eine homogene waagrechte Platte vom Gewichte G ist durch sechs Stäbe gestützt, von denen drei lotrecht sind; in der Plattenebene wirke ein Kraftpaar M (Abb. 135).

Welchen Wert hat M, wenn die lotrechten Stützstäbe spannungslos bleiben? Wie groß sind dann die Spannkräfte in den schrägen Stützstäben? Die Stützpunkte $A'\,B'\,C'$ bilden ein gleichseitiges Dreieck mit der Seitenlänge a, die Länge der lotrechten Stäbe sei gleich l (Timoshenko).

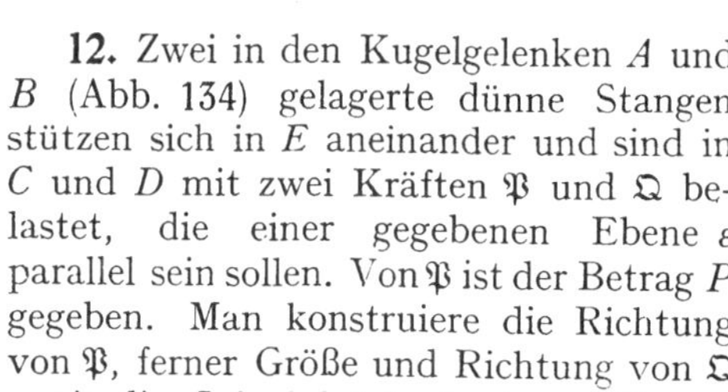

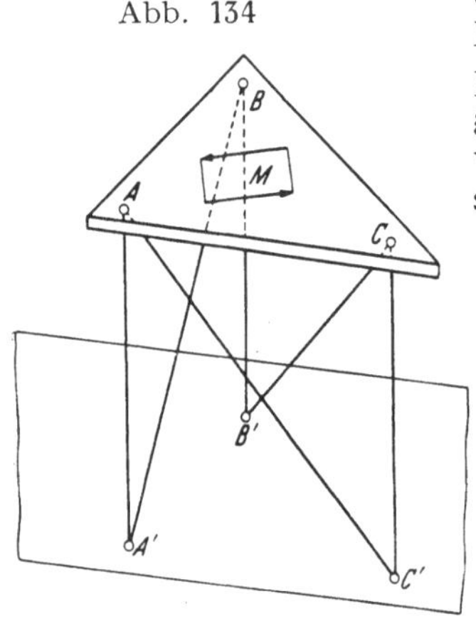

Abb. 135

VII. Seil- und Kettenlinien

1. Ein vollkommen biegsames in A und B befestigtes Kabel (Abb. 136) sei der Wirkung einer über die Horizontalprojektion des Kabels gleichmäßig verteilten Belastung q kg/m unterworfen; man bestimme die Form des Kabels, Ort und Betrag des größten Durchhanges f und den Horizontalzug H.

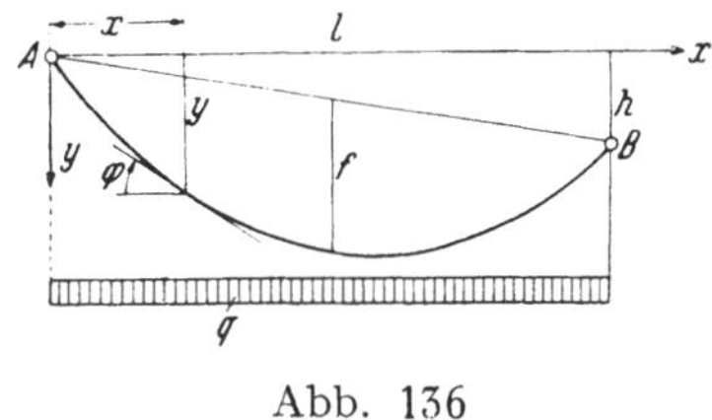

Abb. 136

Wie groß ist die Bogenlänge s der Seilkurve im Falle $h = 0$?

Um wieviel ändert sich der Durchhang f, wenn die Kabellänge s infolge einer Temperaturänderung um $\varDelta s$ zunimmt?

2. Ein vollkommen biegsames, in gleich hoch liegenden Punkten A, B festgehaltenes Kabel (Abb. 137) habe den Durchhang f_q unter der Wirkung einer gleichförmigen Belastung q kg/m, die das Eigengewicht beträchtlich überwiege, so daß letzteres vernachlässigt werden kann. Nun werde symmetrisch zur Kabelmitte eine gleichförmig verteilte Nutzlast $p = n\,q$ auf der Belastungslänge $2\,a$ aufgebracht. Wie groß ist dann der Durchhang f und der Horizontalzug H? Die Verlängerung

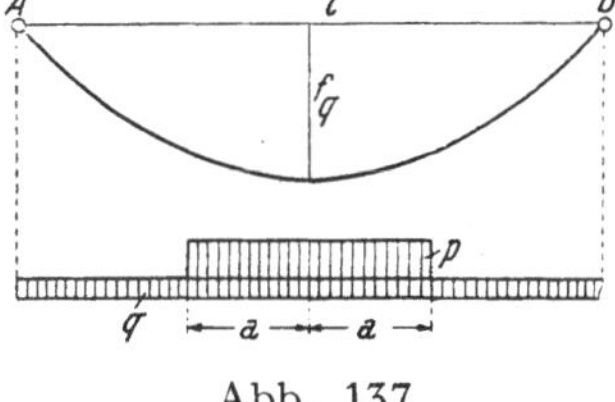

Abb. 137

des Kabels infolge Aufbringens der Nutzlast p bleibe unberücksichtigt.

Bei welchem Werte $\dfrac{2\,a}{l}$ erreicht f seinen Größtwert?

3. Das ursprünglich nur der Wirkung einer gleichmäßigen Belastung q kg/m unterworfene Kabel werde im tiefsten Punkte mit einer lotrechten Einzellast P belastet; man berechne die eintretende Änderung des Durchhanges und des Horizontalzuges. (Abb. 138).

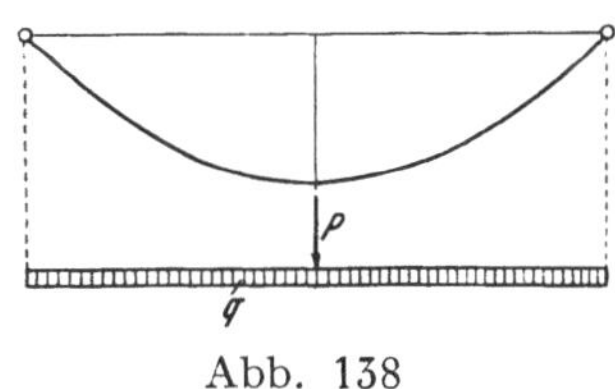

Abb. 138

4. Ein dünnwandiger vollkommen biegsamer Blechzylinder mit waagrechter Achse sei in den Randerzeugenden bei A und B aufgehängt und mit Flüssigkeit vom Einheitsgewichte γ gefüllt. (Abb. 139).

Damit die dünne Blechwand überall mit der konstanten Spannkraft S gezogen werde, muß die Leitlinie l des Zylinders der Bedingung $y\,\varrho = S/\gamma$ genügen, wo ϱ den Krümmungshalbmesser $\overline{P\,\varOmega}$ bedeutet.

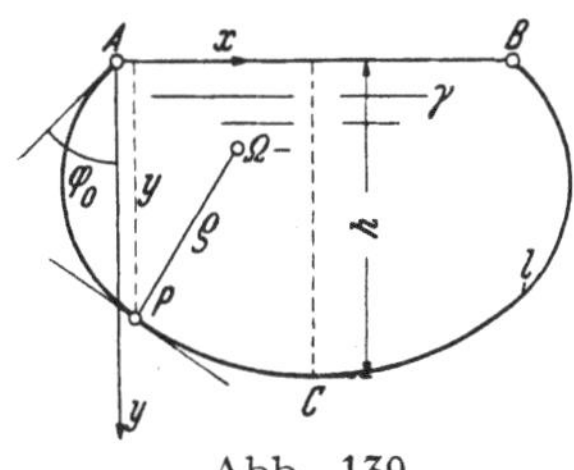

Abb. 139

a) Man beweise diese Bedingung und die Beziehung

$$h = \sqrt{2\,\frac{S}{\gamma}\,(1 + \sin\varphi_0)}$$

zwischen der größten Tiefe h und der Neigung φ_0 der Randtangente gegen die Lotrechte.

(Der Flüssigkeitsdruck p in der Tiefe y ist $p = \gamma\,y$ und steht senkrecht auf dem gedrückten Flächenelement).

Man bestimme die Resultierende R aller auf die Blechwand $\overset{\frown}{A\,C}$ wirkenden Flüssigkeitsdrücke nach Größe, Lage und Richtung.

b) Beweise ferner, daß die Leitlinie l durch ein Seileck angenähert werden kann, das zu jenem Kraftecke gehört, dessen Seiten die in einem Kreise vom Halbmesser $\dfrac{S}{\gamma\,\varDelta\,s}$ aufgetragenen Druckhöhen y sind.

(Die Leitlinie ist hiebei durch ein Polygon mit der konstanten Seitenlänge $\varDelta\,s$ ersetzt gedacht).

5. Ein zylindrisches Gewölbe (Abb. 140) sei nur durch lotrechte Kräfte p je m² der gekrümmten Oberfläche belastet. Die Gewölbestärke im Scheitel sei δ_0. Wenn in allen Querschnitten die konstante Druckspannung σ herrschen soll, so muß die Gewölbeachse entsprechend der Gleichung

$$\frac{1}{\varrho} = \frac{p\cos^2\varphi}{\sigma\,\delta_0}$$

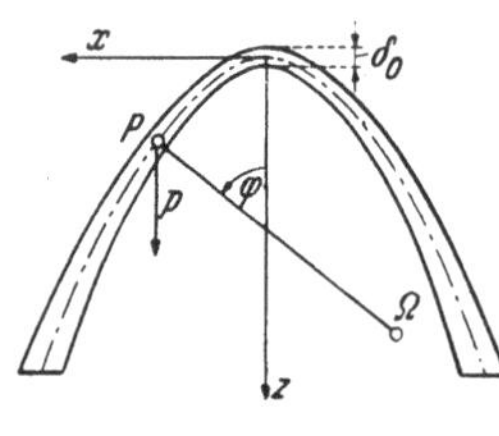

Abb. 140

geformt sein und es muß sich die Gewölbestärke δ nach dem Gesetze $\delta\cos\varphi = \delta_0$ ändern.

a) Man beweise dies!

b) Wenn in obiger Bedingung die mit φ veränderliche Belastung dem Ansatze $p = \dfrac{p_0}{\cos^n\varphi}$ genügt, so wird $\varrho = \varrho_0\cos^{n-2}\varphi$ mit $\varrho_0 = \dfrac{\sigma\,\delta_0}{p_0}$. Die Gewölbeachse nimmt dann die Form einer Ribaucourschen Kurve an; welche Gewölbeformen ergeben sich für die Sonderwerte $n = -1$, Null, 2 und 3?

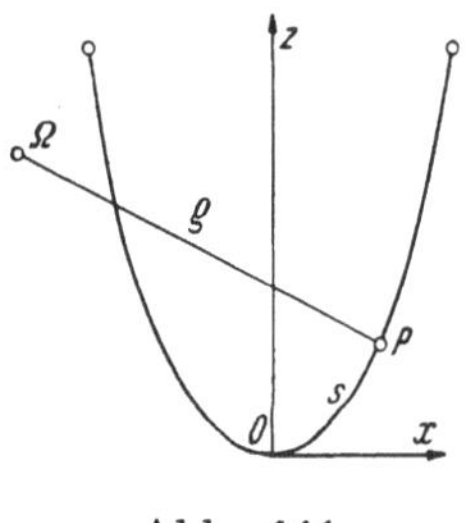

Abb. 141

6. Eine biegsame Kette (Abb. 141) sei der alleinigen Wirkung der Schwere unterworfen (Einheitsgewicht γ).

Man beweise, daß sie nur dann in allen Querschnitten gleiche Zugspannungen σ erfährt, wenn ihre Dicke δ nach dem Gesetze $\delta = \delta_0\,e^{\frac{\gamma\,Z}{\sigma}}$ von ihrem Werte δ_0 im Scheitel zunimmt und wenn sie die durch $a\varrho = \operatorname{Cos}(a\,s)$ gegebene Form besitzt, wo ϱ und s Krümmungshalbmesser und Bogenlänge bedeuten und $a = \gamma/\sigma$ ist.

7. a) Man entwickle die Differentialgleichung der Gleichgewichtskurve eines vollkommen biegsamen, undehnbaren Fadens, der der Wirkung von Zentralkräften unterliegt, die nur von der Länge r des vom Kraftzentrum O aus gezogenen Polstrahles abhängen; berechne die Fadenspannung an beliebiger Stelle.

b) Man beweise, daß die dem Zentralkraftgesetze $P(r) = k\,r^n$ entsprechenden Seilkurven mit Ausnahme des Falles $n = -1$ Sinusspiralen vom Index $-(n+2)$ sind und daß die Seilspannung proportional mit r^{n+1} ist.

8. Es ist die Form jenes Seiles von veränderlicher Dicke δ zu bestimmen, das bei Annahme des Zentralkraftgesetzes $P(r) = c/r$ überall gleich gespannt ist (Seil gleicher Festigkeit).

9. Man bestimme die Gleichgewichtsform eines in zwei gleich hohen Punkten A, B $(\overline{A\,B} = 2\,b)$ aufgehängten gleichförmigen *dehnbaren* Seiles von der Länge $2\,l$; wie groß ist dessen Durchhang und die gedehnte Länge $2\,L$? (Clebsch, Minchin, Skrobanek).

VIII. Stabilität des Gleichgewichts

a) Der auf einer festen Fläche ruhende schwere Körper

1. Mit einer Halbkugel, die auf waagrechter Ebene ruht, ist ein Kegel aus gleichem Material verbunden. Welche Höhe darf er erhalten, wenn das Gleichgewicht indifferent sein soll? (Abb. 142).

2. Ein Kreiskegel ruht mit seiner Basis auf dem Scheitel eines Rotationsparaboloides. (Abb. 143). Ist h die Höhe des Kegels und p der Parameter des Paraboloides, so muß für stabiles Gleichgewicht

$$h < 4\,p$$

sein; man beweise dies.

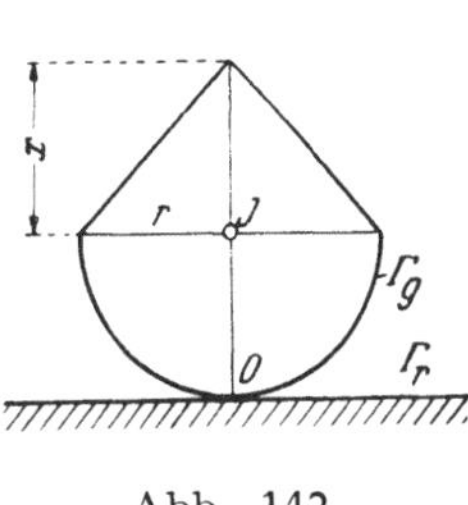
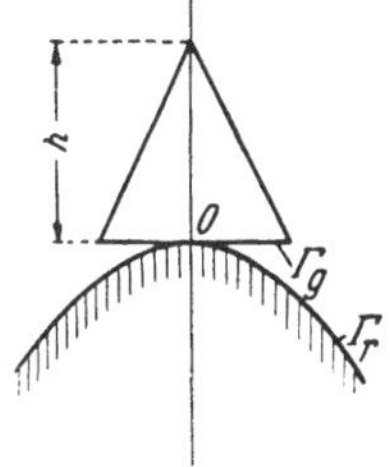
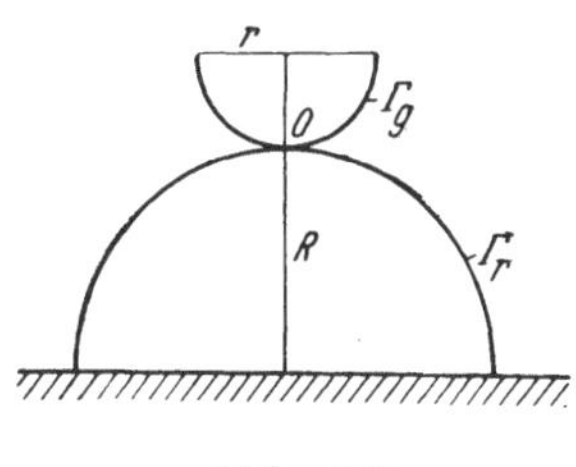

<table>
<tr><td>Abb. 142</td><td>Abb. 143</td><td>Abb. 144</td></tr>
</table>

3. Eine Halbkugel vom Halbmesser r ruht auf dem höchsten Punkte einer Halbkugel vom Halbmesser R. (Abb. 144). Beweise, daß für stabiles Gleichgewicht $r < 3/5\,R$ sein muß.

4. Ein Zylinder, dessen Basis die Form eines Kreisabschnittes (Halbmesser r) hat, ruhe mit waagrechter Erzeugender auf kreiszylinderisch gewölbter Unterlage (Halbmesser R). Wie groß muß R/r gewählt werden, damit das Gleichgewicht indifferent sei? (Abb. 145).

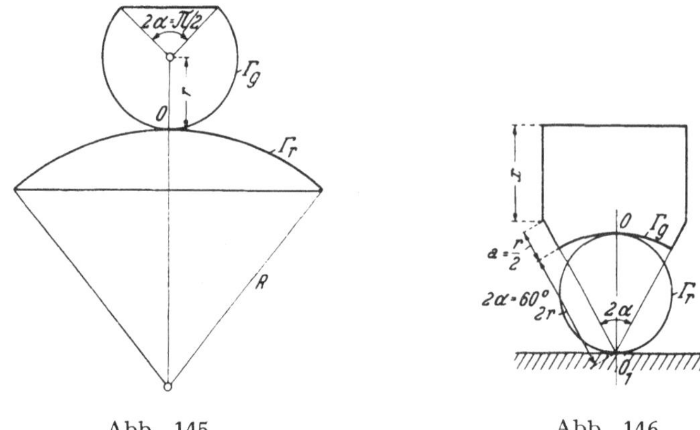

Abb. 145   Abb. 146

5. Eine ebene schwere Platte (Abb. 146) ruhe in der dargestellten Weise auf einem Kreiszylinder; wie groß darf x äußersten Falles sein, ohne das sichere Gleichgewicht zu stören?

b) Der beliebig gestützte Körper

1. Zeige, daß das Gleichgewicht der beiden Gewichte P, Q in Aufg. I, 21 stabil ist.

2. Zeige, daß das Gleichgewicht in Aufg. I, 25 stabil ist, wenn $\dfrac{\pi}{2} - \alpha > \beta$.

3. Es ist die Art des Gleichgewichtes in Aufg. I, 31 festzustellen.

4. Untersuche die Art des Gleichgewichtes des Massenpunktes M in Aufg. I, 34.

Lösungen

I. Ebene Kraftsysteme und deren Gleichgewicht

1. Konstruiere mit Kraft- und Seileck die Mittelkraft $\Re$ der vier Kräfte, deren Wirkungslinie den Hebelarm r bezüglich des Kreismittelpunktes O habe; fügt man in O zwei sich tilgende Kräfte $\pm \Re$ hinzu, so verbleibt die nun in O wirkende Kraft $\Re$ und ein rechtsdrehendes Kraftpaar vom Betrage Rr. Das hinzuzufügende Kraftpaar M muß daher links drehend sein mit gleichem Betrage (Abb. 147).

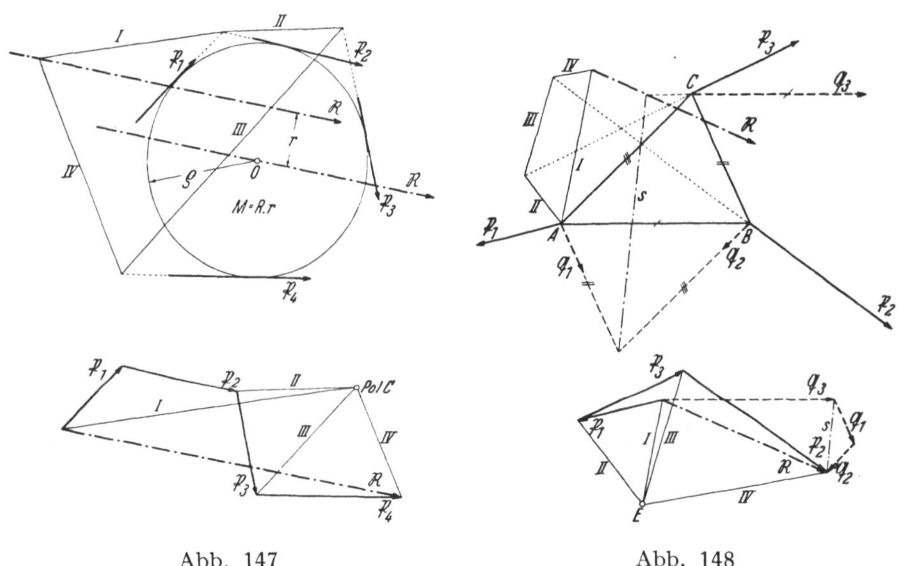

Abb. 147   Abb. 148

2. Konstruiere mit Kraft- und Seileck (Abb. 148) die Mittelkraft $\Re$ der drei Kräfte $\mathfrak{P}_1$, $\mathfrak{P}_2$, $\mathfrak{P}_3$ und wende die Culmannsche Methode der Zerlegung von $\Re$ nach drei gegebenen Richtungen $\mathfrak{Q}_1$, $\mathfrak{Q}_2$, $\mathfrak{Q}_3$ an. (Hilfsgerade s.)

3. Das gegebene Kraftpaar sei $M = Q\,q$. (Abb. 149). Konstruiere mit der Fehlannahme P_1' und den mit dieser Annahme durch das vorgeschriebene Verhältnis $1 : 2 : 3$ bestimmten Kräften P_2', P_3' ihre Mittelkraft R' mit Kraft- und Seileck, die in Bezug auf den Mittelpunkt O

des Umkreises den Hebelarm r habe. Dann ist die richtige Größe R der Mittelkraft durch $R\,r = Q\,q$ bestimmt. (Zeichnung zweier ähnlicher Dreiecke im Lageplane.)   Wird das Krafteck der Kräfte P_1', P_2', P_3' im Verhältnisse R/R' ähnlich verändert mit dem Ähnlichkeitszentrum im Kraftpol E, so ergeben sich die gesuchten Kräfte P_1, P_2, P_3.

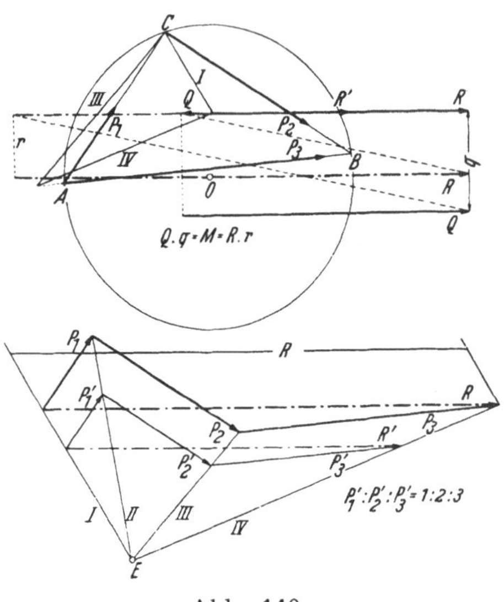

Abb. 149

4. Vereinigt man in Abb. 150 $\mathfrak{P}$ mit einer der beiden Kräfte des Paares $Q\,q$ zu R und setzt diese wieder mit der zweiten Kraft Q zu-

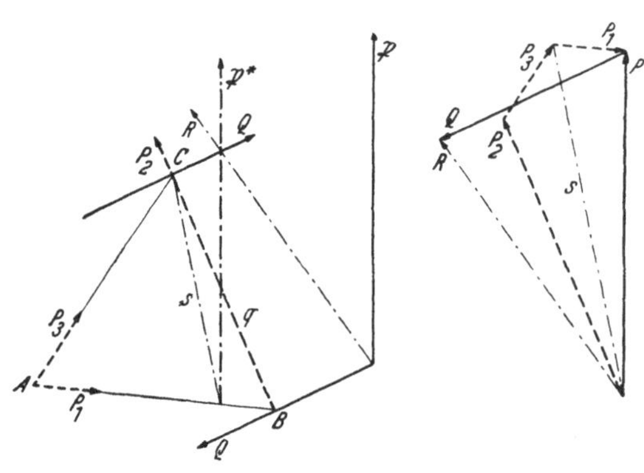

Abb. 150

sammen, so ergibt sich die gegenüber $\mathfrak{P}$ parallel verschobene Mittelkraft $\mathfrak{P}^*$ gleich $\mathfrak{P}$, die nach der Methode von Culmann in die Seiten des gleichseitigen Dreieckes zu zerlegen ist.

5. Seien Q_1 und Q_2 die in den Seiten $E\,F$ und $F\,G$ (Abb. 151) des eingeschriebenen Quadrates wirkenden Kräfte von vorgeschriebenem Verhältnisse 1 : 3, so ist hiedurch die Wirkungslinie ihrer Mittelkraft gegeben. Man zerlege daher die Resultierende $\mathfrak{R} = \overset{4}{\underset{1}{\Sigma}}\,\mathfrak{P}_\varkappa$ der gegebenen Kräfte in die drei Kräfte Q_3, Q_4 und $Q_1 \,\hat{+}\, Q_2$ nach der Culmannschen Methode; damit sind schließlich auch Q_1 und Q_2 selbst bestimmt.

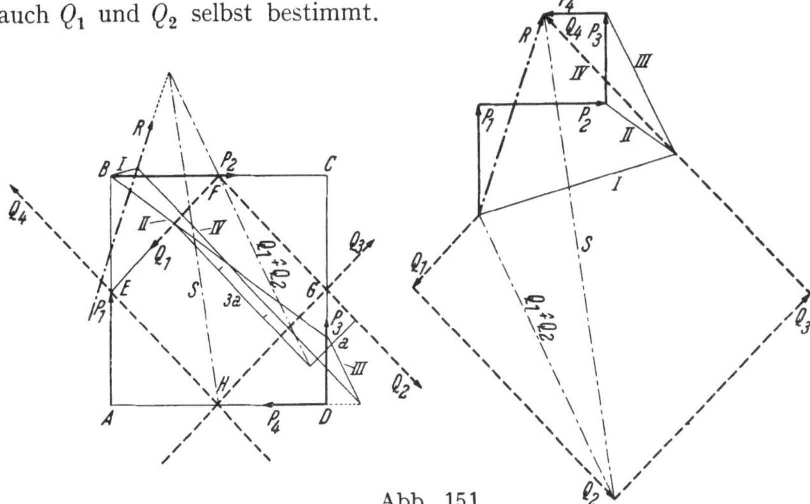

Abb. 151

6. Die vier gegebenen Kräfte bilden, da deren Krafteck (Abb. 152) geschlossen ist, ein Kraftpaar M gleich der doppelten Fläche des Viereckes $A\,B\,C\,D$, daher $M =$ $= \overline{A\,C}\,h$. Sei P die zu bestimmende Kraft mit der vorgegebenen Wirkungslinie l und $P\,p$ deren Moment um den Schnittpunkt T der Viereckdiagonalen, so muß dieses durch das Kraftpaar M getilgt werden, demnach ist

$$P\,p = \overline{A\,C}\,.\,h = Q\,q \text{ mit } Q =$$
$$= \overline{A\,C} \text{ und } q = \overline{E\,F} = h.$$

Die Parallele durch G zu $E\,L$ schneidet l im Punkte M und

Abb. 152

es ist $\overline{M\,H} = P$, da die Dreiecke $H\,G\,M$ und $H\,L\,E$ ähnlich sind.

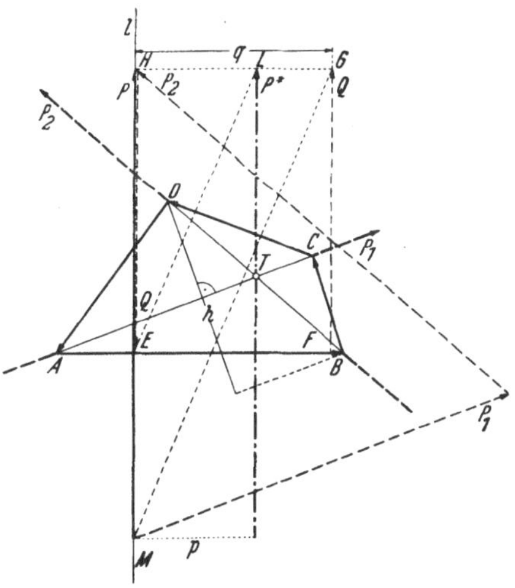

Die Zerlegung dieser in T wirkenden Kraft P^* nach den Richtungen der Diagonalen ergibt die gesuchten Kräfte P_1 und P_2.

7. Da $\mathfrak{P}_1 + \mathfrak{P}_2 + \mathfrak{P}_3 = 0$, so besteht die Wirkung dieser sich in einem Punkte schneidenden drei Kräfte in einem links drehenden Kraftpaar vom Betrage $2\,F$ mit F als Dreiecksfläche $A\,B\,C$. (Abb. 153).

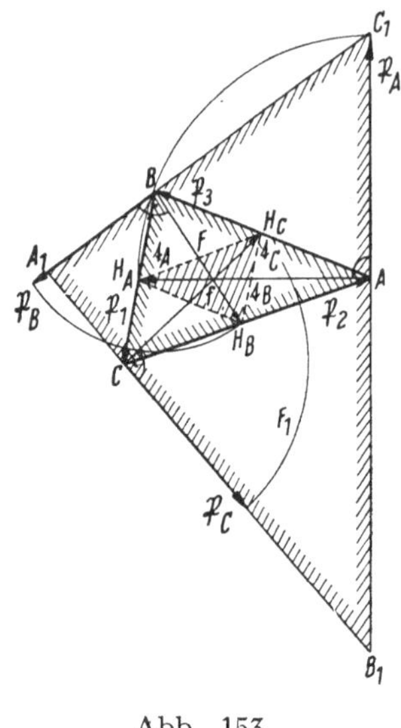

Abb. 153

Bezeichnen t_A, t_B, t_C die gerichteten Schwerlinien, so ist

$$t_A + t_B + t_C = \frac{3}{2}\,(\mathfrak{P}_1 + \mathfrak{P}_2 + \mathfrak{P}_3) = 0\,;$$

daher ist auch die Kraftsumme der gegenüber den Schwerlinien um 90^0 im gleichen Sinne gedrehten Kräfte $\mathfrak{P}_A$, $\mathfrak{P}_B$, $\mathfrak{P}_C$ gleich Null und da sie sich nicht in einem Punkte schneiden, liefern sie ein Moment vom Betrage $2\,F_1\,(P_c/\overline{A_1\,B_1})$, wenn F_1 die Fläche des von ihren Wirkungslinien eingeschlossenen Dreieckes $A_1\,B_1\,C_1$ bedeutet. Somit ist dieses ebene Kraftsystem gleichwertig einem links drehenden Momente M vom Betrage $2\,[F + F_1\,(P_c/\overline{A_1 B_1})]$. Diesem wird Gleichgewicht gehalten durch drei in den Seiten des Dreieckes $H_A\,H_B\,H_C$ wirkende Kräfte, die proportional den Seiten dieses Dreieckes sind mit dem

Proportionalitätsfaktor $\dfrac{F + F_1\,(P_c/\overline{A_1\,B_1})}{f}$, wo f die Fläche dieses Dreieckes angibt; der Umlaufsinn dieser Kräfte ist entgegengesetzt jenem von M.

8. Die Spannkräfte D und E in den Seilen $D\,B$ und $E\,B$ sind einander gleich. Mit einer Fehlannahme $D' = E'$ für $D = E$ ist die zugehörige Spannkraft A' durch $n\,D'$ gegeben. Das zu den Kräften $A'\,D'\,E'$

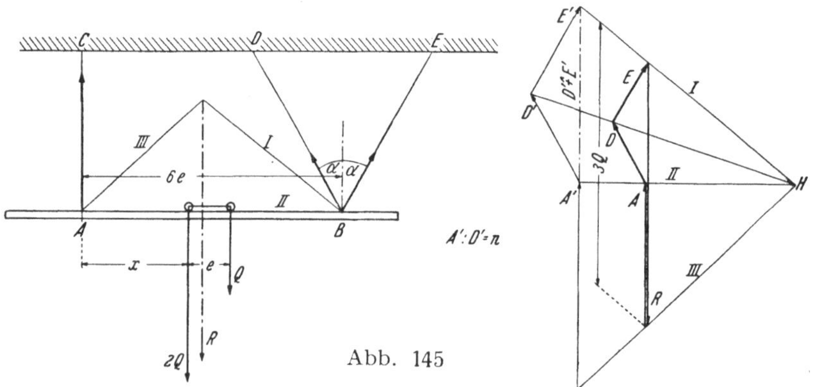

Abb. 145

gezeichnete Seileck $I\ II\ III$ liefert die Wirkungslinie ihrer durch den Schnittpunkt von I und III führenden Mittelkraft R' und damit auch x. Da R' aber die Größe $3\,Q$ haben soll, so ist der Kraftplan im Verhältnisse $\dfrac{3\,Q}{R'}$ ähnlich zu verändern mit dem Ähnlichkeitszentrum in H. Hiemit sind die endgültigen Seilkräfte bestimmt. (Abb. 154).

Rechnerische Lösung: Die Gleichgewichtsgleichungen für den freigemachten Träger $A\,B$ sind

$$2\,Q\,x + Q\,(x+e) = (2\,D\cos\alpha)\,6\,e,$$
$$A + 2\,D\cos\alpha = 3\,Q,$$

woraus mit $A = n\,D$ folgt

$$x = \left(\frac{12\cos\alpha}{2\cos\alpha + n} - \frac{1}{3}\right)e.$$

9. Ist $d\mathfrak{s}$ das gerichtete Bogenelement an beliebiger Stelle, so liefert die geometrische Summe aller $q\,d\mathfrak{s}$ die Mittelkraft $\mathfrak{R} = q\,c$, wo $c = \overrightarrow{A\,B}$. Der Normalabstand ξ der Mittelkraft von O folgt aus der Momentengleichung um O:

$$R\,\xi = \int_{\varphi=0}^{a} q\,r^2\,d\varphi = q\,r^2\,a$$

zu $\quad \xi = \dfrac{q\,r^2\,a}{R}\quad$ oder mit $\quad R = q\,c$

$$\xi = \frac{r^2\,a}{c}. \tag{a}$$

Die Fläche F des Kreissegmentes $A\,C\,B\,A$ beträgt

$$F = \frac{1}{2}\,r^2\,a - \frac{1}{2}\,c\,r\cos\frac{a}{2},$$

woraus wegen (a) folgt:

$$\frac{2\,F}{c} = \xi - r\cos\frac{a}{2} = \eta,$$

wenn η den Abstand der Wirkungslinie R von der Sehne $A\,B$ angibt. Verwandelt man die Segmentfläche F in ein flächengleiches Rechteck, dessen eine Seite gleich der Sehne c ist, so ergibt die zweite Seite den Wert $\eta/2$. Eine einfache, sehr genaue graphische Näherungslösung dieser Flächenverwandlung ist in Aufg. II, 18 und 19 angegeben.

10. Nach Aufg. I, 9 besteht die Gesamtwirkung der tangentialen Kräfte q in einem Kraftpaare $M =$ $= R\,(\eta_1 + \eta_2) = q\,2\,r\,F/r = 2\,q\,F$, wo F die Scheibenfläche bedeutet.

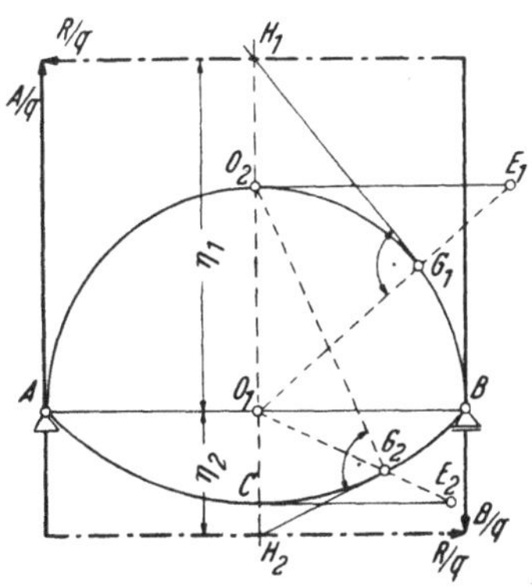

Abb. 155

Für die Auflagerdrücke ergibt sich daher

$$A = -B = \frac{M}{2\,r} = \frac{q\,F}{r}.$$

Die zweimalige Anwendung der Näherungslösung von Aufg. II, 18 und 19 ermöglicht nach Abb. 155 die rein graphische Ermittlung von A und B.

11. Die Figur $A\,B\,C\,D$ muß übereinstimmen mit jenem Seileck zu den gegebenen Lasten Q_1 und Q_2, dessen Seilkräfte gleich dem in D wirkenden Gewichte Q_1 sind. Dadurch ist der Pol O des zugehörigen Krafteckes bestimmt und durch die Geraden $O\,M$, $O\,N$ und $O\,T$ die

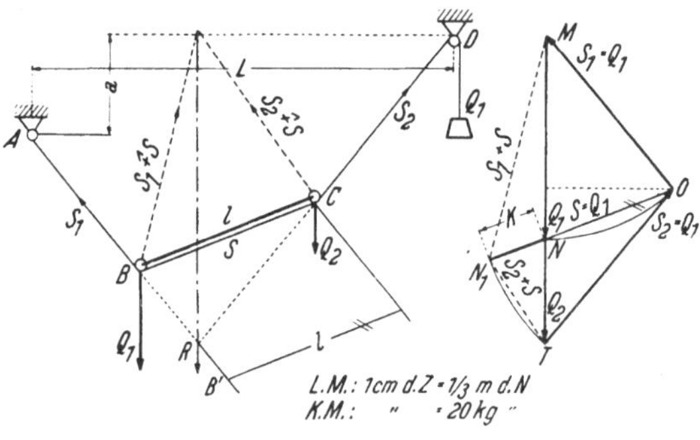

Abb. 156

Richtungen der Seilstücke $A\,B$, $B\,C$ und $C\,D$ für Gleichgewicht. Da $\overline{B\,C} = l$ gegeben, so kann die Gleichgewichtslage von $B\,C$ mit Benutzung eines auf $A\,B$ beliebig angenommenen Punktes B' eingezeichnet werden. Die Längskraft K im Stabe $B\,C$ ist gleich $\overline{N\,N_1}$. Als Kontrolle dient, daß sich die Wirkungslinien von $S_1 \mathbin{\widehat{+}} S$ und $S_2 \mathbin{\widehat{+}} S$ auf jener von R schneiden müssen. (Abb. 156).

12. Mit p als Parameter der Parabel mit waagrechter Achse ist der Neigungswinkel der Tangente im Stützpunkte

$$\operatorname{tg} \alpha = \frac{p}{y} = \frac{p}{l \sin \varphi}.$$

Aus den drei Gleichgewichtsgleichungen des freigemachten Stabes folgt nach Beseitigung der Drucke A und B

$$f\,\frac{l}{p}\,\sin \varphi + 2\,f \operatorname{tg} \varphi = 1.$$

Der Normaldruck bei A beträgt

$$A = \frac{G}{2\,(1 - f \operatorname{tg} \varphi)}.$$

13. Da sich die Wirkungslinien des Stützdruckes B und des Gewichtes G in O schneiden, so gibt $O\,A$ die Wirkungslinie des Gesamtdruckes in A, die unter dem Reibungswinkel ϱ gegen die Bodennormale geneigt ist. Daraus folgt

$$\operatorname{tg}\varrho = f = \frac{l\cos\beta}{2\,r}.$$

Da aber $r\cos\alpha = l/2\,.\cos\beta$, so wird $f = \cos\alpha$.

Weiters ist $r\sin\alpha + l\sin\beta = r$, woraus mit $(l/2\,r) = \lambda$ der Winkel β bestimmt ist durch

$$\cos\beta = \frac{2}{3\,\lambda}\sqrt{3\,\lambda^2 - 2 + \sqrt{4 - 3\,\lambda^2}};$$

damit wird

$$f = \cos\alpha = \frac{2}{3}\sqrt{3\,\lambda^2 - 2 + \sqrt{4 - 3\,\lambda^2}}.$$

14. Für Gleichgewicht müssen sich die Widerstände $\mathfrak{W}_A$, $\mathfrak{W}_B$ an den Enden des Stabes, die gegen die Normalen N_A, N_B der schiefen Ebenen unter ϱ geneigt sind, auf der Lotrechten durch den Schwerpunkt S schneiden. Ist C dieser Schnittpunkt und D jener der beiden Normalen N_A und N_B, so muß der Punkt C wegen der Gleichheit der Peripheriewinkel ϱ über dem gemeinsamen Bogen $C\,D$ auf dem Umkreise des Dreieckes $A\,B\,D$ liegen. Hiedurch ist der Reibungswinkel ϱ zeichnerisch bestimmt.

Da

$$\sphericalangle\,C\,A\,B = \frac{\pi}{2} - \alpha + \varrho,$$

$$\sphericalangle\,C\,B\,A = \frac{\pi}{2} - \beta - \varrho,$$

so folgt aus der Gleichheit dieser Basiswinkel im gleichschenkligen Dreiecke $C\,A\,B$ unmittelbar $\varrho = \dfrac{\alpha - \beta}{2}$.

15. Sind A und B die Normaldrücke an den beiden Stützstellen, so bestehen für das Gleichgewicht des Stabes die drei Gleichungen

$$B - Q\,e^{f_1\frac{\pi}{2}} = 0,$$

$$A + f\,B - G = 0,$$

$$Q\,e^{f_1\frac{\pi}{2}}\,l\sin\alpha + G\,(l - d)\cos\alpha - A\,l\cos\alpha = 0,$$

woraus mit $\lambda = \dfrac{d}{l}$ folgt: $\operatorname{tg}\alpha = \dfrac{G}{Q}\,\lambda\,e^{\mp f_1\frac{\pi}{2}} \mp f$.

16. Der Schwerpunkt muß sich auf einer Waagrechten bewegen. Der Punkt B beschreibt dann eine Ellipse.

Die Koordinaten des Punktes B in Bezug auf das eingetragene

Achsenkreuz $x\,y$ sind

$$x = 2\,l\cos\varphi - y\operatorname{ctg}\alpha,$$
$$y = l\sin\varphi.$$

Die Eliminierung von φ liefert die Gl. der Ellipse

$$x^2 + (4 + \operatorname{ctg}^2\alpha)\,y^2 + 2\,x\,y\operatorname{ctg}\alpha = 4\,l^2,$$

wodurch die Lage der Hauptachsen und die Längen der Halbachsen bestimmt sind.

17.
$$\operatorname{tg}\varphi = \frac{\operatorname{ctg}\alpha - \operatorname{ctg}\beta}{2 + \operatorname{ctg}\alpha + \operatorname{ctg}\beta}.$$

18. Rechnerisch: Aus

$$S\,(\cos 30^0 - \cos 60^0) = f\,[G + S\,(\sin 60^0 + \sin 30^0)]$$

folgt

$$S = \frac{2\,G\,f}{\sqrt{3} - 1 - f\,(\sqrt{3} + 1)}.$$

Zeichnerisch: Fügt man an $G = \overrightarrow{o\,a}$ die beiden gleichen und aufeinander senkrechten Seilkräfte S an, so liegt der Endpunkt dieses Krafteckes auf einer durch a gelegten Geraden, die gegen S unter 45^0 geneigt ist. Die Richtung der durch O zu ziehenden Wirkungslinie des Bodendruckes schließt mit der Lotrechten den Reibungswinkel ϱ ein. Damit ist auch die Kraft S bestimmt.

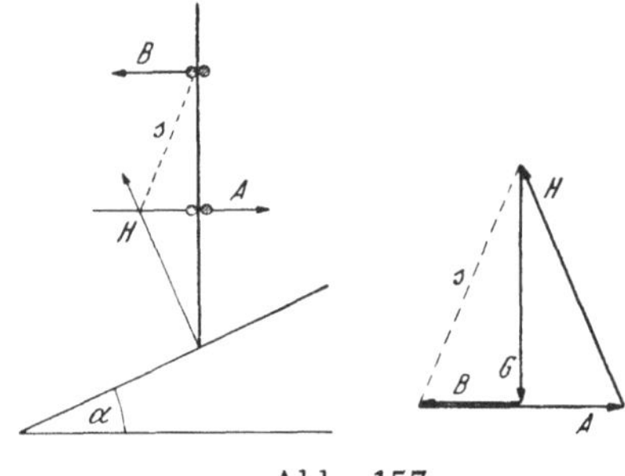

Abb. 157

19. Die Winkel φ und ψ sind bestimmt durch

$$(1 - f\operatorname{tg}\psi)\,(1 - f\operatorname{tg}\varphi) = \frac{1 + f^2}{2},$$

$$\sin\psi + 2\sin\varphi = 1.$$

20. $A = 2\,B = 2\,G\operatorname{tg}\alpha;$

$$H = \frac{G}{\cos\alpha}\ \text{Vgl. Abb. 157.}$$

21. Sind y, y_1 die Tiefenlagen der Gewichte P und Q, x, x_1 die zugehörigen Abszissen, so ist bei Vornahme einer virtuellen Verschiebung entlang der Parabel

$$P\,\delta y + Q\,\delta y_1 = 0. \tag{a}$$

Aus $y^2 = 2\,p\,x$ folgt $y\,\delta y = p\,\delta x$, womit (a) übergeht in

$$\frac{P}{y}\,\delta x + \frac{Q}{y_1}\,\delta x_1 = 0. \tag{b}$$

Da $\overline{F\,P} = x + \dfrac{p}{2}$, $\overline{F\,Q} = x_1 + \dfrac{p}{2}$, somit $l = \overline{F\,P} + \overline{F\,Q} = x + x_1 + p$, so wird wegen $\delta l = 0$:

$$\delta x + \delta x_1 = 0,$$

daher aus (b):

$$\frac{y}{y_i} = \frac{P}{Q} = c \qquad\qquad (c)$$

und $\dfrac{y^2}{y_1{}^2} = c^2 = \dfrac{x}{x_1}$, woraus sich wegen $x = l - x_1 - p$ die Abszisse

x_1 zu $x_1 = \dfrac{l - p}{1 + c^2}$ ergibt.

22. Bei Vornahme einer virtuellen Verschiebung ist

$$G \cos \varphi \, \delta \varphi + G_1 \cos \varphi_1 \, \delta \varphi_1 = 0.$$

Wegen der Konstanz der Fadenlänge $2\,a = a\,\varphi + 2\,a \sin \varphi_1/2$ besteht zwischen $\delta \varphi$ und $\delta \varphi_1$ der Zusammenhang $\delta \varphi + \cos \varphi_1/2 \, \delta \varphi_1 = 0$, so daß sich für den Stellungswinkel φ die Gl.

$$\frac{G}{G_1} \cos \varphi = \sqrt{4\,\varphi - \varphi^2} - \frac{2}{\sqrt{4\,\varphi - \varphi^2}}$$

ergibt. Diese liefert, wenn $G/G_1 = 1/2$: $\varphi \doteq 46^0$, $\varphi_1 \doteq 74^0$.

23. $$f = \frac{1}{2\sqrt{3}}, \qquad C = \frac{G}{2\sqrt{3}} \quad \text{(waagrecht)}.$$

24. $$f = \frac{\cos \alpha}{\sin \alpha + \dfrac{2\,G_1}{G}\left(\dfrac{2\,h}{l \sin 2\,\alpha} - \dfrac{r}{\cos \alpha}\right)}.$$

25. Man schreibe für jeden freigemachten Stab die drei Gleichge-wichtsgleichungen an und eliminiere daraus die Komponenten der beiden Gelenkdrücke und den Stützdruck in B; dies liefert

$$P = \frac{G}{\operatorname{ctg} \alpha + \operatorname{tg} \beta}.$$

Der Gelenkdruck in A hat eine waagrechte Komponente $H_A = P$ und eine lotrechte Komponente

$$V_A = \frac{G}{2} \frac{\cos (\alpha + \beta)}{\cos (\alpha - \beta)}.$$

Da sich der Stützdruck in B zu

$$B = \frac{G}{2} \frac{1 + 3 \operatorname{tg} \alpha \operatorname{tg} \beta}{1 + \operatorname{tg} \alpha \operatorname{tg} \beta}$$

errechnet, so müßte die Kraft P ersetzt werden durch die Reibungs-kraft $P = f\,B$, wonach $f = \dfrac{2}{\operatorname{ctg} \alpha + 3 \operatorname{tg} \beta}$ sein müßte.

26. $$2 \operatorname{tg} \beta - \operatorname{tg} \alpha = \frac{2}{f}, \qquad \sin \alpha + \sin \beta = \frac{h}{l}.$$

27. Sind G_1, G_2 die Gewichte der beiden Stäbe und bezeichnet S die Zugkraft im Faden, dann liefert das Prinzip der virtuellen Verschiebungen

$$S = \frac{G\,l + G_1\,l_1}{4\,l_1\,\mathrm{tg}\,\alpha}.$$

28. Sind z_1, z_2, z_3 die Tiefenlagen der Schwerpunkte der Stäbe $O\,A$, $A\,B$ und des Punktes B unter dem festen Gelenke O, dann ist für eine virtuelle Verschiebung bei Erhaltung der Stützbedingung in O und C

$$G\,\delta z_1 + G\,\delta z_2 + P\,\delta z_3 = 0$$

oder wegen $z_1 = l\cos\alpha$, $z_2 = 2\,l\cos\alpha - l\sin\beta$, $z_3 = 2\,l\,(\cos\alpha - \sin\beta)$

$$(3\,G + 2\,P)\sin\alpha\,\delta\alpha + (G + 2\,P)\cos\beta\,\delta\beta = 0. \tag{1}$$

Die geometrische Bedingung $2\,l\sin\alpha = \overline{A\,C}\cos\beta$, worin mit $\dfrac{h}{2\,l} = \nu$

die Strecke $\overline{A\,C} = 2\,l\,\sqrt{1 + \nu^2 - 2\,\nu\cos\alpha}$ (vgl. $\varDelta\,O\,A\,C$) oder mit der Abkürzung

$$w = \sqrt{1 + \nu^2 - 2\,\nu\cos\alpha} \tag{2}$$

$\overline{A\,C} = 2\,l\,w$ ist, ergibt den zwischen α, β bestehenden Zusammenhang

$$w\cos\beta = \sin\alpha, \tag{3}$$

daher

$$-\sin\beta\,\delta\beta = \frac{(\cos\alpha - \nu)\,(1 - \nu\cos\alpha)}{w^3}\,\delta\alpha.$$

Hiemit berechnet sich P aus (1) zu

$$P = \frac{G}{2}\,\frac{3\,w^3 - (1 - \nu\cos\alpha)}{(1 - \nu\cos\alpha) - w^3}. \tag{4}$$

Eine einfache Kontrolle dieses Ergebnisses liefert der Sonderfall der waagrechten Lage des Stabes $A\,B$; aus dem dann rechtwinkligen Dreiecke $O\,C\,A$ ist der Stellungswinkel α_1 bestimmt durch $\cos\alpha_1 = \dfrac{h}{2\,l} = \nu$,

damit wird aus (2)

$$w = \sqrt{1 - \nu^2} = \sin\alpha_1$$

und aus (4)

$$P = \frac{G}{2}\,\frac{3\sin\alpha_1 - 1}{1 - \sin\alpha_1}.$$

Dieses Ergebnis folgt aber auch unmittelbar aus dem Momentengleichgewichte des Stabes $A\,B$ um C, wenn beachtet wird, daß der Gelenkdruck in A bei waagrechter Stablage lotrecht gerichtet und gleich $G/2$ sein muß.

29. Da keine Stützung am Boden stattfindet, wirken auf einen freigemachten Stab nur das Gewicht, der Normaldruck von der Walze und der waagrechte Gelenkdruck, die sich in einem Punkte schneiden müssen. Hiernach bestehen die geometrischen Beziehungen

$$\overline{BC} = l \sin \alpha = \overline{BD} = l - r \operatorname{ctg} \alpha$$

und

$$\frac{l}{2} \sin \alpha = (l \cos \alpha - r) \operatorname{ctg} \alpha.$$

Die Eliminierung von l/r liefert

$$\sin^2 \alpha + 2 \sin \alpha - 2 = 0,$$

somit

$$\sin \alpha = \sqrt{3} - 1,$$

woraus

$$\frac{r}{l} = \frac{3\sqrt{3} - 5}{\sqrt{2\sqrt{3} - 3}} = 0{,}288.$$

Die Kräfteprojektion auf die Stabrichtung ergibt für den Gelenkdruck

$$A = G \operatorname{ctg} \alpha = G \frac{\sqrt{2\sqrt{3} - 3}}{\sqrt{3} - 1} = 0{,}931\, G.$$

30.
$$\cos^2 \varphi = \frac{4}{5}; \quad \sin \psi = 2 \sin \varphi, \text{ hieraus } \varphi = 26^0\, 35', \ \psi = 63^0\, 25'.$$

31. $$\cos \varphi = \frac{1}{8}, \quad \varphi = 82^0\, 50'.$$

Der Gelenkdruck in O hat die waagrechte Komponente $\dfrac{\sqrt{63}}{16} G$ und die lotrechte Komponente $-\dfrac{47}{16} G$. Somit ist der Gelenkdruck gleich $2{,}23\, G$.

32. Um die dargestellte Gleichgewichtslage zu erhalten, ist eine Kraft

$$P = \frac{G}{2} \frac{1 - 2f \operatorname{tg} \alpha}{1 - f \operatorname{tg} \alpha}$$

erforderlich.

Eine Bewegung des Punktes A nach rechts hin wird durch eine Kraft

$$(P) = \frac{G}{2} \frac{1 + 2f \operatorname{tg} \alpha}{1 + f \operatorname{tg} \alpha}$$

bewirkt.

33. Lösung nach Abb. 158.

34. Seien i, j, e Einheitsvektoren in waagrechter und lotrechter Richtung und in Richtung $O\,M$, so ist mit $\overline{OA} = \overline{OB} = a$

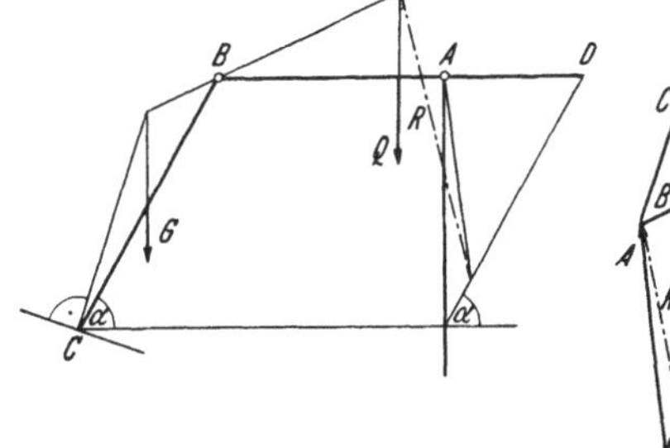

Abb. 158

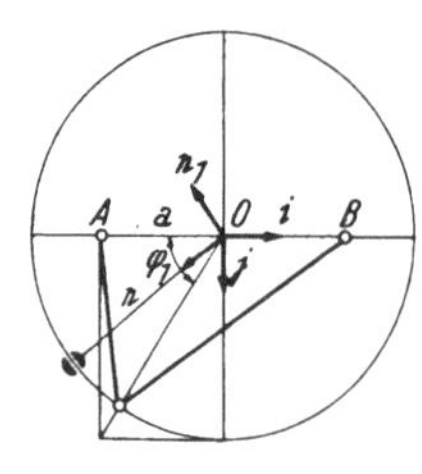

Abb. 159

$$\mathfrak{r}_A = \overrightarrow{M\,A} = -r\,\mathfrak{e} - a\,\mathfrak{i},$$

$$\mathfrak{r}_B = \overrightarrow{M\,B} = -r\,\mathfrak{e} + a\,\mathfrak{i},$$

somit lautet die vektorische Gleichgewichtsbedingung mit $\mathfrak{P}_A = \lambda\,\mathfrak{r}_A$ und $\mathfrak{P}_B = \mu\,\mathfrak{r}_B$:

$$\lambda\,\mathfrak{r}_A + \mu\,\mathfrak{r}_B + D\,\mathfrak{e} + G\,\mathfrak{j} = 0, \qquad (a)$$

wo D den Normaldruck in M angibt. Durch skalare Produktbildung der Gl. (a) mit dem zu $\mathfrak{e}$ normalen Einheitsvektor $\mathfrak{e}_1$ fällt wegen $\mathfrak{e} \cdot \mathfrak{e}_1 = 0$ der Druck D heraus und es ergibt sich, da $\mathfrak{i} \cdot \mathfrak{e}_1 = -\sin\varphi$, $\mathfrak{j} \cdot \mathfrak{e}_1 = -\cos\varphi$:

$$\operatorname{tg}\varphi = \frac{G}{a\,(\lambda - \mu)}. \qquad (b)$$

Mit der Annahme $\lambda = 2\,\mu = 2\,G/r$ folgt für die Gleichgewichtslage φ_1 aus (b): $\operatorname{tg}\varphi_1 = r/a$ (vgl. Abb. 159).

35. a) Bei kleinem Winkel $2\,\alpha$ besteht die Möglichkeit des Kippens des Stabsystems um den Stützpunkt B. Aus dem Vergleiche der Momente der beiden Stabgewichte um B folgt für Kippstabilität die Ungleichung

$$G\,l\,[\sin(\beta + \alpha) - 2\sin(\beta - \alpha)] > G\,l\,\sin(\beta - \alpha),$$

wonach

$$\operatorname{tg}\alpha > \frac{1}{2}\operatorname{tg}\beta$$

sein muß, so daß α_{min} bestimmt ist durch

$$\operatorname{tg}\alpha_{min} = \frac{1}{2}\operatorname{tg}\beta. \qquad (a)$$

Werden die Stützkräfte in A und B zerlegt in ihre zur schiefen Ebene parallelen und normalen Komponenten A_t, B_t, bezw. A_n, B_n, so ergeben sich die letzteren aus den Momentengleichungen um B und A zu

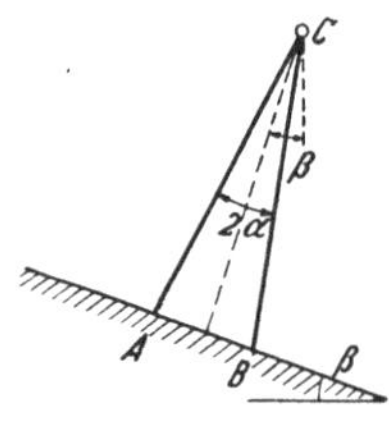

Abb. 160

$$A_n = G\left(\cos\beta - \frac{1}{2}\sin\beta\,\operatorname{ctg}\alpha\right).$$

$$B_n = G\left(\cos\beta + \frac{1}{2}\sin\beta\,\operatorname{ctg}\alpha\right),$$

während das Momentengleichgewicht jedes einzelnen Stabes bezüglich des Gelenkes C die Werte

$$A_t = G\left(\frac{1}{2}\cos\beta\,\operatorname{tg}\alpha - \sin\beta\right).$$

$$B_t = G\left(\frac{1}{2}\cos\beta\,\operatorname{tg}\alpha + \sin\beta\right)$$

liefert.

Da
$$A_t \leqq f\, A_n,$$
$$B_t \leqq f\, B_n$$
sein muß, so ergeben sich mit $\operatorname{tg} \alpha = x$ die beiden Forderungen

$$x^2 - 2x\,(f + \operatorname{tg}\beta) + f \operatorname{tg}\beta \leqq 0 \tag{1}$$

und

$$x^2 - 2x\,(f - \operatorname{tg}\beta) - f \operatorname{tg}\beta \leqq 0. \tag{2}$$

Sind x_1, x_2 die Wurzeln der Gl. (1), also

$$x_{1,2} = f + \operatorname{tg}\beta \pm \sqrt{(f + \operatorname{tg}\beta)^2 - f \operatorname{tg}\beta},$$

so fordert die Ungleichung (1)

$$(x - x_1)\,(x - x_2) < 0;$$

daher wegen

$$x_1 > x_2 : x_1 > \operatorname{tg}\alpha > x_2.$$

Mit x_3, x_4 als Wurzeln der Gl. (2), also

$$x_{3,4} = f - \operatorname{tg}\beta \pm \sqrt{(f - \operatorname{tg}\beta)^2 + f \operatorname{tg}\beta},$$

lautet die zweite Ungleichung

$$(x - x_3)\,(x - x_4) < 0.$$

Da aber $x_4 < 0$, so folgt die Bedingung $\operatorname{tg}\alpha_{max} < x_3$.

Nun ist $f > \operatorname{tg}\beta$, so daß im Falle des Gleichgewichtes der Winkel α bei Beachtung von (a) an die Grenzen

$$\frac{1}{2}\operatorname{tg}\beta \leqq \operatorname{tg}\alpha \leqq f - \operatorname{tg}\beta + \sqrt{(f - \operatorname{tg}\beta)^2 + f \operatorname{tg}\beta} \tag{b}$$

gebunden ist.

b) Bei Eintritt des Kippens ist nach (a) $\operatorname{tg}\alpha = 1/2 \operatorname{tg}\beta$; eine zweite Lösung liefert die Forderung $A_t = 0$, nämlich $\operatorname{tg}\alpha = 2 \operatorname{tg}\beta$, sofern hiebei die durch (b) gezogene Grenze für $\operatorname{tg}\alpha$ nicht überschritten wird.

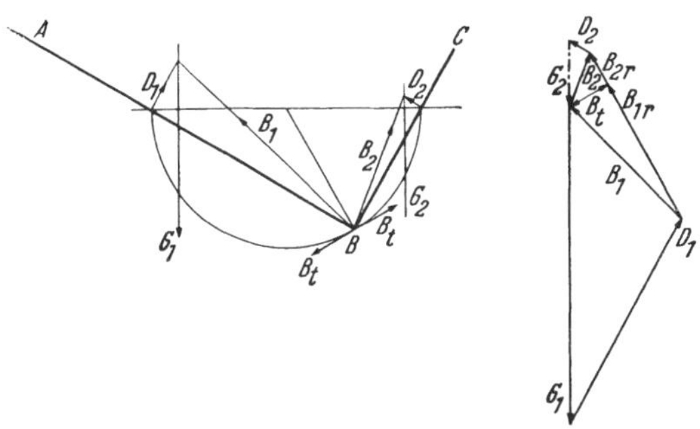

Abb. 161

36. Beachte bei Zeichnung des Kraftplanes, daß die tangentialen Komponenten B_t der Stützdrücke B_1, B_2 der beiden Stäbe gleich groß und entgegengesetzt gerichtet sind. (Abb. 161).

37. $\qquad f = \operatorname{tg} \varrho = \dfrac{1}{\sqrt{3}}; \quad \varrho = 30^0. \qquad A = \dfrac{2}{\sqrt{3}} G.$

38. Schneide die beiden Stäbe $B\,C$ und $A\,C$ durch; dann folgt aus dem Gleichgewicht der entstehenden beiden Teilsysteme, daß der Gelenkdruck in O entgegengesetzt gleich der Resultierenden $R = \sqrt{P^2 + Q^2}$ ist und daß $\operatorname{tg}\alpha = Q/P$ sein muß.

Das Momentengleichgewicht des ganzen Systems um O liefert, wenn $\overline{A\,D} = \overline{B\,C} = c$ gesetzt wird,

$$Q\,(c \cos \alpha - a \cos \beta) = P\,(c \sin \alpha - b \sin \beta),$$

woraus wegen $\operatorname{tg}\alpha = \dfrac{Q}{P}$ folgt: $\operatorname{tg}\beta = \dfrac{Q}{P}\dfrac{a}{b}$.

39. Nach Freimachen des Stabes $A\,C$ wirken auf diesen die Kräfte Q, D und der Gelenkdruck C, dessen Wirkungslinie aus Symmetriegründen waagrecht sein muß. Die drei Gleichgewichtsgleichungen

$$C - D \cos \alpha = 0,$$
$$D \sin \alpha - Q = 0,$$
$$D\,p - Q\,l \sin \alpha = 0$$

liefern, da $p \sin \alpha = a + r \cos \alpha$,

$$D = Q\,\frac{l \sin^2 \alpha}{a + r \cos \alpha},$$

$$C = D \cos \alpha = Q \operatorname{ctg}\alpha \quad \text{und}$$

$$l \sin^3 \alpha = a + r \cos \alpha.$$

Mit den Angaben $l = 2\,a$, $r = 0{,}6\,a$ wird hieraus $\alpha \simeq 60^0$.

Aus dem Gleichgewichte der an einer frei gemachten Walze wirkenden Kräfte nach der Waagrechten folgt für die im Stabe $O_1 O_2$ wirkende Kraft $S = C$.

40. Bezeichnen H, V die horizontale und vertikale Komponente des Gelenkdruckes in A des Stabes $A\,B$, so folgt $V = G/2$.

Die Gleichgewichtsgleichungen des linken Stabes $A\,D$ lauten

$$H - D \sin \varphi = 0,$$
$$-V + D \cos \varphi - G = 0,$$
$$G\,\frac{l}{2} \cos \varphi - D\,p = 0,$$

wobei zwischen p und φ die geometrische Beziehung $2\,p \cos \varphi + l = a$ besteht.

Hieraus folgt

$$D = \frac{3}{2}\,\frac{G}{\cos \varphi}, \qquad H = \frac{3}{2}\,G \operatorname{tg}\varphi \quad \text{und} \quad \cos^3 \varphi = \frac{3}{2}\left(\frac{a}{l} - 1\right).$$

Mit $\dfrac{a}{l} = \dfrac{13}{12}$ ergibt sich $\varphi = 60^0$.

41. Für eine virtuelle Verschiebung δs der Kette entlang des Zylinderrückens muß die Summe der virtuellen Arbeiten des Kettengewichtes und der Kraft P gleich Null sein; die Normaldrucke leisten keine Arbeit. Die Arbeit der Elementargewichte $q\,a\,d\,\varphi$ bei Verschiebung um δs beträgt

$$q\,a\,\delta s\int\limits_{\varphi=0}^{a}\cos\varphi\,d\varphi = q\,a\sin a\,\delta s,$$

demnach ist

$$q\,b\,\delta s + q\,a\sin a\,\delta s - P\,\delta s = 0,$$

woraus

$$P = q\,b + q\,a\sin a = q\,h,$$

wenn h den Höhenunterschied der Kettenenden bedeutet.

42. Aus $G\,\delta z + Q\,\delta z_1 = 0$ folgt $G\,z + Q\,z_1 = $ konst. oder wegen

$$z = l\left(1 - \frac{1}{2}\sin\varphi\right) \text{ und } z_1 = r\sin\psi$$

$$Q\,r\sin\psi - G\,\frac{l}{2}\sin\varphi = c. \tag{a}$$

Mit s als Seillänge ist

$$s = r + l\sqrt{2\,(1-\sin\varphi)}, \tag{b}$$

so daß sich durch Beseitigung von φ aus (a) und (b) die gesuchte Polargleichung zu

$$(s-r)^2 = 2\,l^2 + 4\,\frac{Q}{G}\,l\,(c - r\sin\psi) \text{ (Kardioide)}$$

ergibt.

Liegt der Punkt $O_1\,(r = 0)$ auf der gesuchten Kurve, dann vereinfacht sich das Ergebnis in

$$r = 2\,s - \frac{4\,Q\,l}{G}\sin\psi.$$

Für den Normaldruck D der Führungskurve ergibt sich dann

$$D = \frac{G}{4\,l}\sqrt{k^2 - 4\,s\,(s-r)} \text{ mit } \qquad k = \frac{4\,Q\,l}{G}.$$

43. Da der Gelenkdruck $B \parallel P$, so ist jener in $A \parallel Q$ und es folgt aus dem Momentengleichgewicht unmittelbar $Q = P\,\mathrm{tg}\,a$.
Die Stabkräfte betragen im Stabe

$$A\,B: \; -P\sin a,$$
$$B\,C: \; -P\cos a,$$
$$C\,D: \; +P\sin a,$$
$$D\,A: \; -P\frac{\sin^2 a}{\cos a}.$$

44. Das Gleichgewicht des Gelenkes B liefert

$$A \cos \alpha = C \cos \beta,$$
$$A \sin \alpha = P_1 + C \sin \beta,$$

jenes des Gelenkes C: $2\,C \sin \beta = P_2$, woraus folgt

$$\operatorname{tg} \alpha = \left(2\frac{P_1}{P_2} + 1\right) \operatorname{tg} \beta. \tag{1}$$

Hiezu treten noch die geometrischen Beziehungen $\sin \alpha = h/a$ (gegeben),

$$2\,b \cos \beta = l - a \cos \alpha.$$

Mit den Zahlenangaben der Aufgabe ergibt sich $\alpha = 53^0$

und für $\dfrac{P_1}{P} = 1:\ \beta \doteq 24^0,\quad b = 0{,}821\,\text{m},$

für $\dfrac{P_1}{P} = 2:\ \beta \doteq 15^0,\quad b = 0{,}776\,\text{m}.$

Bei Entwicklung der Gl. (1) mit Hilfe des Prinzips der virtuellen Verschiebungen ist zu beachten, daß die beiden gleichen Basiswinkel β des Dreieckes $B\,C\,D$ verschiedene virtuelle Drehungen ausführen.

45.
$$P = \frac{q\,l}{4}\left(1 + \frac{5}{\sqrt{3}}\right) = 0{,}972\,q\,l.$$

Die Länge l_1 des Stabes $A\,B$ beträgt $l_1 = \dfrac{l}{\sqrt{3}}.$

Der Gelenkdruck B hat die Komponenten

$$B_h = \frac{q\,l}{8}\,(1 + \sqrt{3})\quad \text{(waagrecht)},$$

$$B_v = \frac{q\,l}{8}\left(1 + \frac{5}{\sqrt{3}}\right)\quad \text{(lotrecht)},$$

so daß

$$B = \frac{q\,l}{4}\sqrt{\frac{10 + 4\sqrt{3}}{3}} = 0{,}594\,q\,l.$$

46. $\operatorname{ctg} \alpha - \operatorname{ctg} \beta = 6\,f$ (mit f als Reibungszahl),

$$\cos \alpha + \cos \beta = \frac{a}{l} - 1.$$

47. Mit q als Ziffer der rollenden Reibung wird die waagrechte Komponente H des Gelenkdruckes in A:

$$H = \frac{q}{r}\left(G + G_1 + \frac{Q}{2}\right).$$

Der Gelenkdruck in C hat aus Symmetriegründen waagrechte Wirkungslinie, er ergibt sich aus der Momentengleichung um den Punkt D zu

$$C = 3\left(G + \frac{Q}{2}\right) \operatorname{tg} \varphi - \frac{3\,q}{h}\left(G + G_1 + \frac{Q}{2}\right).$$

Da die waagrechte Komponente des Gelenkdruckes D gleich $(Q/2)\,\operatorname{tg}\varphi$ ist, so liefert das Kräftegleichgewicht des Stabes $A\,C$ in der Waagrechten

$$\operatorname{tg}\varphi = 4\,\frac{q}{r}\,\frac{G + G_1 + \dfrac{Q}{2}}{3\,G + Q}.$$

48. Zur Lösung der Aufgabe bediene man sich der kinematischen Methode. Man zeichnet für die durch Wegnahme des Lagers C entstehende zwangläufige kinematische Kette einen Plan der senkrechten Geschwindigkeiten mit dem Nullpunkt o, in den auch die Punkte a, b fallen, denn die Geschwindigkeiten von A und B sind Null; sodann wählt man die gedrehte Geschwindigkeit $\overline{a\,e}$ des Punktes E beliebig und erhält durch Ziehen der Parallelen zu den einzelnen Stäben die den

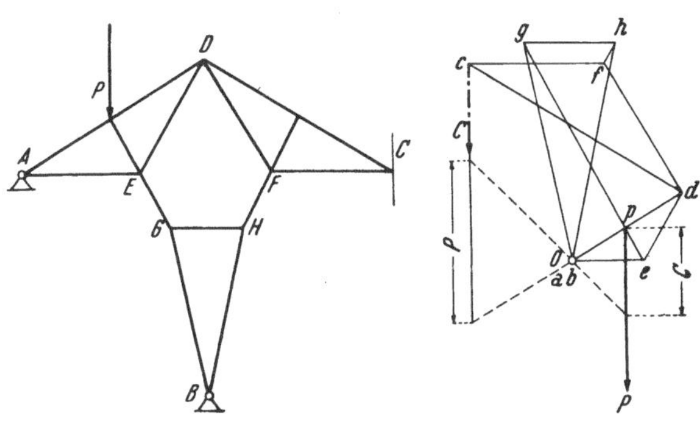

Abb. 162

einzelnen Knoten des Fachwerkes entsprechenden Geschwindigkeitspunkte d, h, g, f und schließlich c. Das Prinzip der virtuellen Leistungen, angewendet auf die durch $\mathfrak{P}$ und $\mathfrak{C}$ belastete kinematische Kette ergibt

$$\mathfrak{P}\cdot v_P + \mathfrak{C}\cdot v_C = 0.$$

Die virtuellen Leistungen sind aber zu deuten als statische Momente der in den Geschwindigkeitspunkten p und c angesetzten Kräfte $\mathfrak{P}$ und $\mathfrak{C}$ um den Nullpunkt o, d. h. der Plan der gedrehten Geschwindigkeiten darf sich bei Wirkung der Kräfte $\mathfrak{P}$ und $\mathfrak{C}$ nicht um den festen Punkt o drehen (Gleichgewicht am sog. Joukowsky-Hebel). Hiemit kann C einfach konstruiert werden. (Abb. 162).

II. Schwerpunkte ebener Flächen

1. Ist a die Quadratseite und $\overline{BF} = x$, sind ferner e_1, e_2 Einheitsvektoren in den Richtungen AB und AD (Abb. 163), dann ist der Ortsvektor des Schwerpunktes σ des Dreieckes ABF

$$\overrightarrow{A\sigma} = \frac{2}{3}\left(a\, e_1 + \frac{x}{2}\, e_2\right),$$

und jener des Schwerpunktes S des Quadrates

$$\overrightarrow{AS} = \frac{a}{2}(e_1 + e_2);$$

da $\overrightarrow{\sigma S} = \overrightarrow{AS} - \overrightarrow{A\sigma}$, so wird

$$\overrightarrow{\sigma S} = -\frac{a}{6}\, e_1 + \frac{3a - 2x}{6}\, e_2.$$

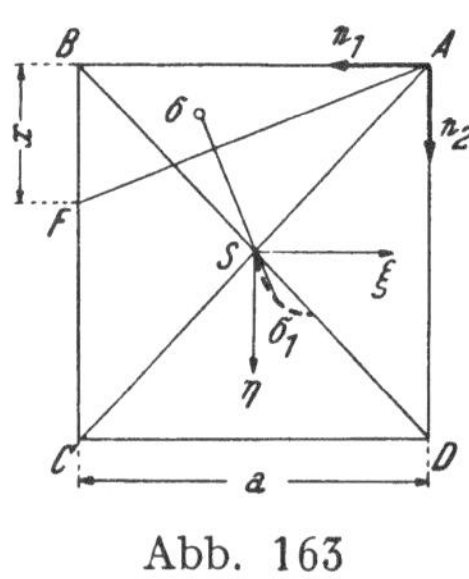

Abb. 163

Der auf der Geraden σS liegende Schwerpunkt σ_1 des Restviereckes ist festgelegt durch die Beziehung

$$\frac{a\,x}{2}\,\overrightarrow{\sigma S} = \left(a^2 - \frac{a\,x}{2}\right)\overrightarrow{S\sigma_1},$$

so daß der Schwerpunkt σ_1 durch den von S aus gemessenen Ortsvektor

$$\overrightarrow{S\sigma_1} = -\frac{a\,x}{6(2a - x)}\, e_1 + \frac{(3a - 2x)\,x}{6(2a - x)}\, e_2$$

bestimmt ist. Sind ξ, η die Koordinaten von σ_1 bezüglich des durch S gelegten Achsenkreuzes, so ist nach Vorstehendem

$$\xi = \frac{a\,x}{6(2a - x)}, \qquad \eta = \frac{(3a - 2x)\,x}{6(2a - x)}.$$

Die Beseitigung von x liefert als Gl. des Ortes von σ_1

$$\xi^2 + \xi\eta - \frac{a}{2}\,\xi + \frac{a}{6}\,\eta = 0,$$

also eine Ellipse, die den Punkt S enthält und dort von der Geraden mit der Richtung tg $\alpha = 3$ tangiert wird. Rückt F nach C, dann liegt der entsprechende Ellipsenpunkt σ_1 auf der Quadratdiagonalen BD und hat die Koordinaten $\xi_1 = \eta_1 = a/6$ und eine mit e_1 parallele Tangente.

2. Für eine Fehlannahme D' des zu suchenden Punktes D auf g (Abb. 164) liegt der Schwerpunkt σ' des zusätzlichen Dreieckes ABD' auf der Schwerlinie HD', wobei

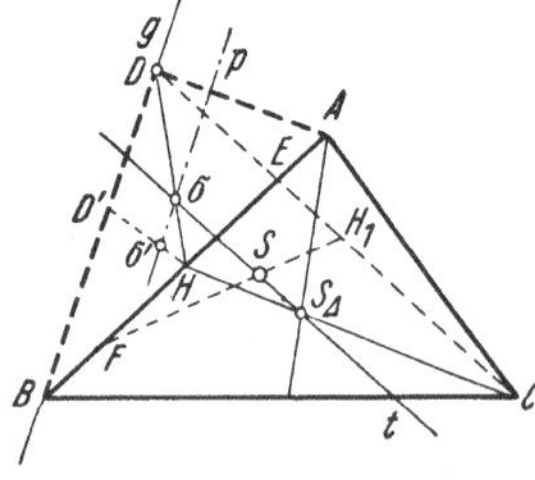

Abb. 164

$$\overline{H\,\sigma'} = \frac{1}{3}\,\overline{H\,D'}.$$

Wandert D' auf g, dann liegen die zugehörigen σ' auf der Parallelen p zu g, deren Schnitt mit t die richtige Lage von σ liefert. Die Geraden $H\,\sigma$ und g schneiden sich im gesuchten Punkte D. Der Schwerpunkt S des Viereckes $A\,C\,B\,D$ liegt im Schnitte der Geraden t mit $F\,H_1$, wobei $\overline{B\,F} = \overline{A\,E}$ ist und H_1 den Halbierungspunkt der Strecke $C\,D$ bedeutet.

3. Der Schwerpunkt σ des Ergänzungsdreieckes $A\,B\,D$ muß auf der Geraden $S_\varDelta\,S$ (gleich t) liegen, wo $S_\varDelta$ den Schwerpunkt des Dreieckes $A\,B\,C$ bedeutet. Nimmt man σ zunächst in der beliebigen Lage σ' auf t an, dann ist $H\,\sigma'$ Schwerlinie des Dreieckes $A\,B\,D'$, wobei $\overline{H\,D'} = 3\,\overline{H\,\sigma'}$; wandert σ' auf der Geraden t, so bewegt sich D' auf der dazu parallelen Geraden d. Es genügt also, noch die Höhe h des Ergänzungsdreieckes zu bestimmen, um die richtige Lage von D auf d zu finden. (Abb. 165).

Mit $\overline{A\,B} = c$, $\overline{S\,S_\varDelta} = s$ liefert der Momentensatz für S:

$$F_{ABC}\,s = F_{ABD}\,\overline{S\,\sigma} \qquad \text{oder} \qquad h_c\,s = h\,\overline{S\,\sigma}. \tag{a}$$

Ist m die senkrechte Entfernung des Schwerpunktes S von $A\,B$ und δ der Winkel zwischen $A\,B$ und t, so gilt

$$\overline{S\,\sigma}\sin\delta = \frac{h}{3} + m,$$

somit wegen (a)

$$h_c\,s\sin\delta = \frac{h^2}{3} + h\,m$$

oder mit $s\sin\delta = e$:

$$h^2 + 3\,h\,m - 3\,h_c\,e = 0,$$

woraus sich die Höhe h des Dreieckes $A\,B\,D$ ergibt zu

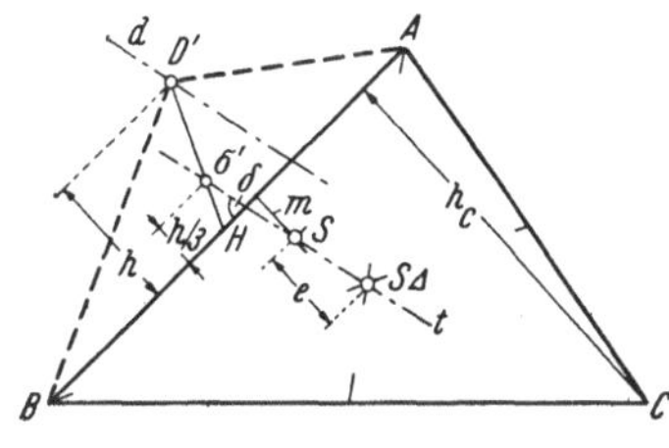

Abb. 165

$$h = -\frac{3}{2}\,m + \sqrt{\frac{9}{4}\,m^2 + 3\,h_c\,e}.$$

4. Mit F ist die Höhe h der zur Auswahl zugelassenen Dreiecke $B\,C\,D$ bekannt, deren Ecken auf der zu $B\,C$ in der Entfernung h gezogenen Parallelen g liegen. (Abb. 166).

Für eine willkürliche Annahme D' von D auf g liegt der Schwerpunkt des Viereckes $A\,B\,D\,C$ bekanntlich im Schnitte von $F'\,H$ mit der durch S_1 zur Diagonalen $A\,D'$ gezogenen Parallelen, wobei $\overline{A\,F'} = \overline{E'\,D'}$ und H die Mitte der zweiten Diagonalen $B\,C$ ist.

Wandert nun D' auf der Geraden g, d. h. ist

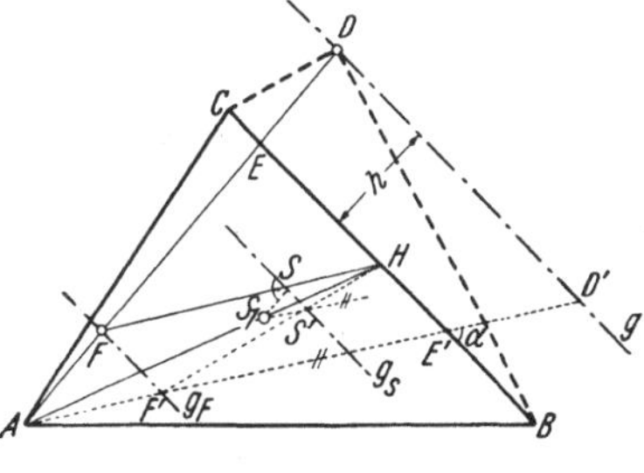

Abb. 166

$$\overline{E'\,D'}\sin\alpha = h$$

und demnach auch

$$\overline{A\,F'}\sin\alpha = h,$$

so bewegt sich F' auf einer zu g parallelen Geraden g_F.

Und da $\overline{S_1\,S'} = 1/3\,\overline{A\,F'}$ sein muß, so wandert S' auf der zu g parallelen Geraden g_s.

Der Fußpunkt der Senkrechten aus S_1 zu g_s entspricht der Forderung kleinstmöglicher Entfernung von S_1. Da demnach $A\,F \perp g_F$ sein muß und der Punkt D auf der Geraden g liegt, so ist die gesuchte Lage des vierten Eckpunktes D durch den Schnitt der durch A gelegten Normalen zu $B\,C$ mit der Geraden g bestimmt.

5. Mit den Bezeichnungen der (Abb. 167) besteht die Momentengleichung

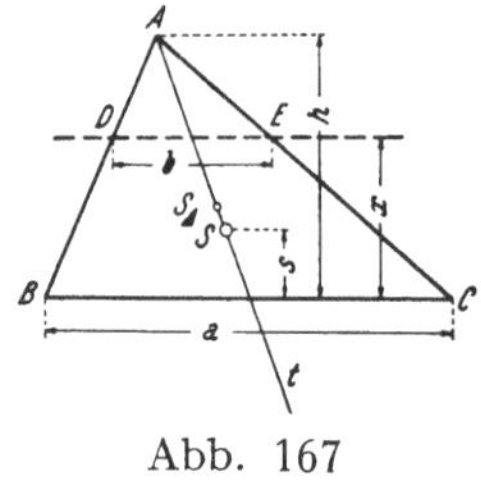

Abb. 167

$$\frac{a+b}{2}\,x\,s = \frac{a\,h}{2}\,\frac{h}{3} - \frac{b\,(h-x)}{2}\left(x + \frac{h-x}{3}\right);$$

da $\dfrac{b}{a} = \dfrac{h-x}{h}$, so ergibt sich für x mit Ausscheidung der Wurzel $x = 0$ die Gleichung

$$2\,x^2 - 3\,(h+s)\,x + 6\,h\,s = 0,$$

woraus

$$x_{1,\,2} = \frac{3}{4}\left[h + s \pm \sqrt{(h+s)^2 - \frac{16}{3}\,h\,s}\right].$$

Wegen $s < h/3$ kommt nur x_2 als Lösung in Betracht.

6. Die Richtigkeit des Satzes kann abweichend von der durch Henry gegebenen Begründung einfach durch Ausnutzung der bekannten Eigenschaft eines Dreieckes bewiesen werden, daß sein Schwerpunkt identisch ist mit jenem von drei gleichen, in den Dreiecksecken liegenden Massenpunkten. Wird das Viereck $A\,B\,D\,C$ durch die Diagonale $A\,D$ in die Teilflächen F_1 und F_2 geteilt, so ist hienach sein Schwerpunkt S identisch mit jenem von vier Massenpunkten, und zwar $\dfrac{F_1 + F_2}{3}$ in A und in D sowie $F_1/3$ in B und $F_2/3$ in C. Wählt man bei der Bestimmung der Mittelkraft (Schwerlinie) der diesen vier Massenpunkten entsprechenden Gewichte die Richtung $B\,C$ als Kraftrichtung der vier Parallelkräfte, so kann man $F_2/3$ und $F_1/3$ im Punkte B vereinigen zu $\dfrac{F_1 + F_2}{3}$ und die gleiche im Punkte D sitzende Masse kann auf der Parallelen zu $B\,C$ noch beliebig verschoben werden, ohne an der Lage der Mittelkraft etwas zu ändern. Teilt man andererseits das Viereck durch die Diagonale $B\,C$ in die Teilflächen φ_1 und φ_2, so ist der Viereckschwerpunkt S identisch mit dem Schwerpunkte von vier Massenpunkten, und zwar je $\dfrac{\varphi_1 + \varphi_2}{3}$

in B und C, $\varphi_1/3$ in A und $\varphi_2/3$ in D. Wählt man nun bei Ermittlung ihrer Mittelkraft (Schwerlinie) $A\,D$ als Kraftrichtung, so können die beiden letztgenannten Massen im Punkte A zu $\dfrac{\varphi_1 + \varphi_2}{3}$ vereinigt werden und es kann die gleiche, im Punkte C sitzende Masse auf der Parallelen zu $A\,D$ noch beliebig verschoben werden. Verlegt man sie in den Schnittpunkt P der zu den Diagonalen gezogenen Parallelen, so sitzen demnach in den Punkten $A\,B\,P$ die beidemale gleichen Massen $\dfrac{F_1 + F_2}{3}\left(\text{gleich } \dfrac{\varphi_1 + \varphi_2}{3}\right)$, d. h. der Schwerpunkt des Dreieckes $A\,B\,P$ ist identisch mit jenem des Viereckes $A\,B\,D\,C$.

7. a) Zeichnerische Lösung. Nach dem in Aufg. 6 bewiesenen Satze von Henry ist der gegebene Schwerpunkt S des Viereckes $A\,B\,V\,U$ auch Schwerpunkt des Dreieckes $A\,B\,P$, wodurch der Punkt P bereits bestimmt ist; er liegt auf der Geraden $O\,S$, wobei $\overline{P\,S} = 2\,\overline{O\,S}$. (Abb. 168 a).

Einer willkürlichen Annahme V_1 des Eckpunktes V auf $B\,C$ entspricht ein Punkt U_1 im Schnitte von $P\,U_1 \parallel A\,V_1$ und $B\,U_1 \parallel P\,V_1$.

Bestimmt man den geometrischen Ort aller Lagen $U_1\,U_2 \ldots$, wenn V_1 auf der Geraden $B\,C$ wandert, so liegt der gesuchte Eckpunkt U im Schnitte dieser Kurve mit der Geraden $A\,C$, wodurch dann auch der zweite Eckpunkt V bestimmt ist.

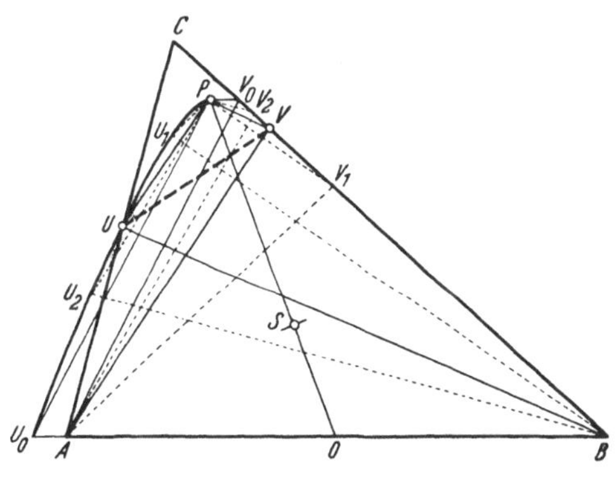

Abb. 168 a

Die Strahlenbüschel $A\,(V_1\,V_2 \ldots)$ und $P\,(V_1\,V_2 \ldots)$ sind perspektiv und die ihnen entsprechenden beiden parallelen Strahlenbüschel mit den Mittelpunkten P und B sind zueinander projektiv; sie erzeugen daher als Ort der Punkte U einen Kegelschnitt, der die beiden Büschelmittelpunkte P und B enthält. Da in beiden Büscheln zwei Paare homologer und paralleler Strahlen vorhanden sind, so ist der Kegelschnitt eine Hyperbel, deren Asymptoten parallel sind zu den Richtungen $B\,C$ und $A\,P$.

Konstruiert man also noch einen dritten Hyperbelpunkt, — etwa U_0 auf $A\,B$, entsprechend jener Lage V_0 auf $B\,C$, für die $P\,V_0 \parallel A\,B$, —

so ist durch die drei Punkte B, P, U_0 und die beiden Asymptotenrichtungen die Hyperbel vollständig bestimmt.

Zur zeichnerischen Lösung dieser Aufgabe genügt es, einige Hyperbelpunkte in der Nachbarschaft des zu suchenden Punktes U zu konstruieren und den Schnittpunkt des dadurch festgelegten Hyperbelstückes mit der Geraden $A\,C$ zu bestimmen.

Auf Grund einer analogen Beweisführung kann gefolgert werden, daß der Ort aller Punkte V, die den auf der Geraden $A\,C$ wandernden Punkten U entsprechen, eine die Punkte A, P enthaltende Hyperbel mit den Asymptotenrichtungen $A\,C$ und $B\,P$ ist.

b) Analytische Lösung. Sei $S_\varDelta$ der Schwerpunkt des gegebenen Dreieckes $A\,B\,C$, so liegt der Schwerpunkt σ des abzuschneidenden Dreieckes $C\,U\,V$ auf der Geraden $S\,S_\varDelta\ (\equiv t)$. (Abb. 168 b).

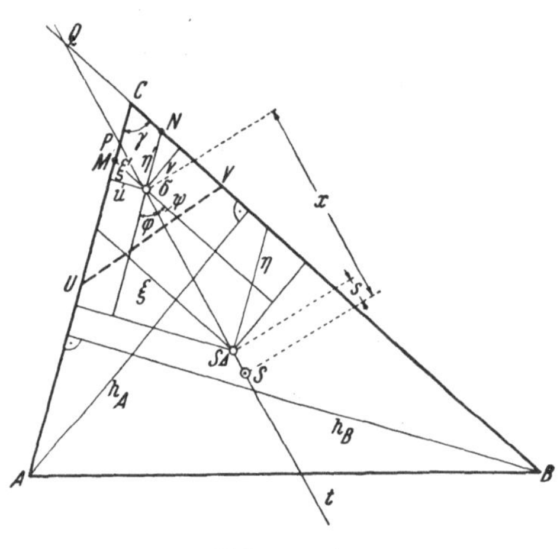

Abb. 168 b

Da

$$\overline{C\,U} = 3\,\overline{C\,M}, \quad \overline{C\,V} = 3\,\overline{C\,N},$$

wobei die Punkte M, N dem Parallelogramm $C\,M\,\sigma\,N$ mit den Seitenlängen $\overline{\sigma\,M} = \xi'$, $\overline{\sigma\,N} = \eta'$ angehören, so ist die Aufgabe mit der Kenntnis der Lage des Schwerpunktes σ gelöst.

Mit den Bezeichnungen $x = \overline{S\,\sigma}$, $s = \overline{S\,S_\varDelta}$ (gegeben), liefert die Momentengleichung für den Viereckschwerpunkt

$$F_\varDelta\, s = F_\sigma\, x, \tag{a}$$

worin

$$F_\varDelta = F\,(C\,A\,B) = \frac{9}{2}\,\xi\,\eta\,\sin\gamma,$$

$$F_\sigma = F\,(C\,U\,V) = \frac{9}{2}\,\xi'\,\eta'\,\sin\gamma,$$

womit Gl. (a) übergeht in

$$\xi\,\eta\,s = \xi'\,\eta'\,x. \qquad\qquad\text{(b)}$$

Aus der Abb. 168 b entnimmt man

$$u = \xi'\sin\gamma, \qquad \xi\sin\gamma = \frac{h_B}{3},$$

$$v = \eta'\sin\gamma, \qquad \eta\sin\gamma = \frac{h_A}{3},$$

$$u = \frac{h_B}{3} - (x - s)\sin\varphi,$$

$$v = \frac{h_A}{3} - (x - s)\sin\psi;$$

hiemit liefert Gl. (b):

$$\frac{h_A\,h_B}{9}\,s = x\left[\frac{h_B}{3} - (x - s)\sin\varphi\right]\left[\frac{h_A}{3} - (x - s)\sin\psi\right].$$

In dieser für x kubischen Gleichung ist die Wurzel $x_1 = s$ unbrauchbar, da hiefür σ und S zusammenfallen würden. Es verbleibt demnach die quadratische Gleichung

$$x^2 - x\left(\frac{h_B}{3\sin\varphi} + \frac{h_A}{3\sin\psi} + s\right) + \frac{h_B}{3\sin\varphi}\,\frac{h_A}{3\sin\psi} = 0. \qquad\text{(c)}$$

Sind P, Q die Schnittpunkte der Geraden t mit den Dreieckseiten $C\,A$ und $C\,B$, so sind deren Entfernungen von S_Δ gegeben durch

$$p = \frac{h_B}{3\sin\varphi}\,, \qquad q = \frac{h_A}{3\sin\psi}\,,$$

womit sich Gl. (c) vereinfacht in

$$x^2 - x\,(p + q + s) + p\,q = 0 \qquad\qquad\text{(d)}$$

mit den Wurzeln

$$x_{2,\,3} = \frac{1}{2}\left[p + q + s \pm \sqrt{(p + q + s)^2 - 4\,p\,q}\right].$$

Da σ im Innern des ursprünglichen Dreieckes liegen muß, demnach x kleiner als die kleinere der Strecken p und q sein muß, so ist nur die Wurzel x_3 brauchbar.

Für $\varphi = 0$ wird die Gerade $t \parallel C\,A$ und es folgt aus Gl. (c)

$$x = \frac{h_A}{3\sin\psi} = q, \quad \text{das heißt:} \quad \overline{P\,\sigma} = s.$$

Der Eckpunkt V des Viereckes fällt in den Punkt B, das Viereck artet aus in das Dreieck $A\,B\,U$, wobei $\overline{C\,U} = 3\,s$.

Im Falle $\psi = 0$ wird $x = p$, der Eckpunkt U rückt nach A, aus dem Viereck $A\,B\,V\,U$ wird das Dreieck $A\,B\,V$, wobei $\overline{C\,V} = 3\,s$. (Lösung nach W. Richter, ehemalig in Aussig.)

8. Ist σ der Schwerpunkt des abzuschneidenden Dreieckes $A\,D\,E$, G der vierte Eckpunkt des Parallelogrammes $A\,D\,E\,G$, so ist $\overline{A\,\sigma} = 1/3\,\overline{A\,G}$.

Mit $F_v = F\,(n-1)$ als Fläche des Viereckes gilt nach Abb. 169

$$F_v\,\overline{S\,S_1} = F\,\overline{\sigma\,S} \quad \text{oder} \quad \overline{S\,S_1} = \frac{1}{n-1}\,\overline{\sigma\,S}.$$

Die Forderung möglichst großer Entfernung $S\,S_1$ ist daher gleichwertig mit der Bedingung $\overline{\sigma\,S} = \text{maximum}$.

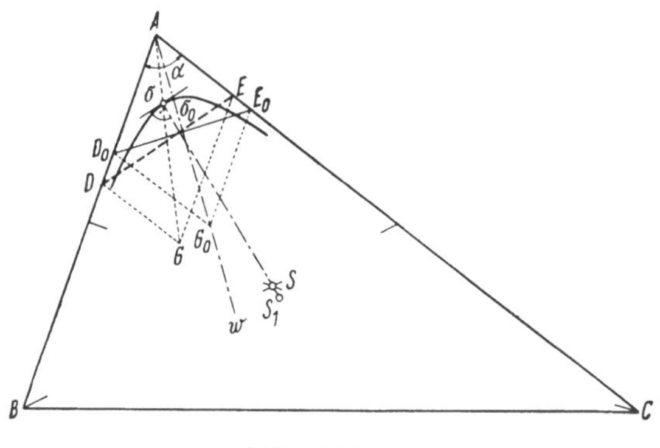

Abb. 169

Sind $u = \overline{A\,D}$, $v = \overline{A\,E}$ die schiefwinkligen Koordinaten des Punktes G, so folgt aus der Konstanz von F

$$u\,v = \frac{2\,F}{\sin\alpha} = c^2,$$

wonach die möglichen Lagen der Punkte G einer Hyperbel mit dem Mittelpunkte A und den Asymptoten $A\,B$ und $A\,C$ angehören; ihr Scheitel G_0 ist als Eckpunkt des Rhombus $A\,D_0\,G_0\,E_0$ auf der Symmetralen w des Winkels α bestimmt, wobei $\overline{A\,D_0} = \overline{A\,E_0} = c$ ist.

Wegen $\overline{A\,\sigma} = 1/3\,\overline{A\,G}$ liegen auch die Schwerpunkte aller Teildreiecke von gleicher Fläche F auf einer Hyperbel mit den Asymptoten $A\,B$ und $A\,C$; für ihren Scheitel σ_0 gilt $\overline{A\,\sigma_0} = 1/3\,\overline{A\,G_0}$.

Damit die Entfernung $\overline{S\,\sigma}$ möglichst groß werde, ist durch S jener Strahl zu legen, der diese σ-Hyperbel *senkrecht* schneidet.

9. Der Schwerpunkt eines Kreisabschnittes mit der Sehnenlänge $\overline{A\,B} = c$ hat vom Mittelpunkt M die Entfernung $\dfrac{c^3}{12\,f}$, wo f die Fläche des Abschnittes bedeutet. Die Höhe des Dreieckes $A\,B\,D$ ergibt sich zu $2\,a$, sein Inhalt ist gleich $2\,a^2$, daher besteht für die von O aus gemessene Schwerpunktsentfernung η der schraffierten Fläche die Gl.

$$(2\,a^2 - f)\,\eta = \frac{4\,a^3}{3} - f\left(\frac{8\,a^3}{12\,f} - \frac{a}{2}\right),$$

woraus wegen $f = (a^2/4)\,(5\,a - 2)$

$$\eta = \frac{a}{6}\,\frac{2 + 3\,a}{2 - a}\,.$$

a bedeutet hierin den halben Öffnungswinkel des Bogens $A\,C\,B$, der sich aus $\operatorname{tg} a = 2$ zu $a = 1{,}10715$ ergibt, so daß

$$\eta = 1{,}007\,a.$$

10. Der Schwerpunkt eines Kreissektors vom Halbmesser r und dem Öffnungswinkel a liegt auf der Symmetralen in der Entfernung $\dfrac{2\,c}{3\,a}$ vom Mittelpunkt, wo c die Sehnenlänge angibt.

Ermittle hiemit die Schwerpunkte des Halbkreises und der beiden Kreissektoren; die Dreieckfläche $O_1\,O_2\,A$ ist in die Schwerpunktsgleichung mit negativem Zeichen einzuführen. Hiemit wird

$$\left(\frac{a^2\,\pi}{2} + 9\,a^2\,a - 6\,a^2\sin a\right)\eta = -\frac{2}{3}\,a^3 + 36\,a^3\sin^2\frac{a}{2} - 6\,a^3\sin^2 a,$$

oder wegen $\cos a = 2/3$

$$\eta = \frac{2\,a}{\dfrac{\pi}{2} + 9\,a - 2\sqrt{5}}\,.$$

Da $a = 0{,}841$, so wird $\eta = 0{,}428\,a$.

11. Bezeichnet $F_1 = \dfrac{a^2 a_1}{2} = \dfrac{a^2\pi}{12}$ die Fläche des Kreissektors $O\,A\,B$, (Abb. 170) und

$$F_2 = \frac{1}{2}\,a^2\,2\,a_1 - \frac{a^2}{4}\sqrt{3} = a^2\left(\frac{\pi}{6} - \frac{\sqrt{3}}{4}\right)$$

jene des zum Bogen $O\,B$ gehörigen Segmentes, so ist die Fläche F, deren Schwerpunkt zu bestimmen ist, durch $F = F_1 - F_2 = \dfrac{a^2}{4}\left(\sqrt{3} - \dfrac{\pi}{3}\right)$ gegeben.

Ferner ist

$$\overline{O\,\sigma_1} = \frac{2}{3}\,\frac{\overline{A\,B}}{a_1} = \frac{4\,a}{3}\,\frac{\sin\dfrac{a_1}{2}}{a_1}\,,$$

$$\overline{O_1\,\sigma_2} = \frac{a^3}{12\,F_2}\,.$$

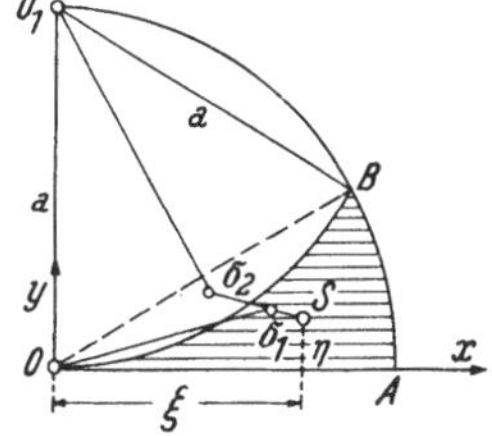

Abb. 170

Hiemit ergeben sich für $\xi,\ \eta$ die Gleichungen

$$F\,\xi = F_1\,\overline{O\,\sigma_1}\cos\frac{a_1}{2} - F_2\,\overline{O_1\,\sigma_2}\sin a_1,$$

$$F\,\eta = F_1\,\overline{O\,\sigma_1}\sin\frac{a_1}{2} - F_2\,(a - \overline{O_1\,\sigma_2}\cos a_1)$$

und daraus mit $\alpha_1 = \pi/6$:

$$\xi = a\,\frac{3}{2\,(3\,\sqrt{3}-\pi)} = 0{,}73\,a,$$

$$\eta = a\,\frac{8+3\,\sqrt{3}-4\,\pi}{2\,(3\,\sqrt{3}-\pi)} = 0{,}153\,a.$$

12. Sei $\dfrac{h}{4\,d} = v$, so ergibt sich

$$\xi = \frac{2\,d}{3}\,\frac{6\,v^2\,(2\,\pi+3)-12\,v\,(\pi+1)+3\,\pi+2}{2\,v\,(3\,\pi+4)-3\,\pi}\,,$$

$$\eta = \frac{4\,d}{3}\,\frac{3\,v^2\,(2\,\pi+3)-3\,v\,(\pi+1)+1}{2\,v\,(3\,\pi+4)-3\,\pi}\,.$$

13. Die Fläche F des rechtwinkligen Bogendreieckes ergibt sich aus jener des Viertelkreises vom Halbmesser $2\,r$ durch Wegnahme zweier Viertelkreise vom Halbmesser r und des Quadrates mit der Seitenlänge r.

Hienach ist

$$F = r^2\left(\frac{\pi}{2}-1\right)$$

und es lautet die Momentengleichung für den Eckpunkt M mit $\overline{M\,S} = \xi$

$$F\,\xi = -r^2\,\pi\left(r\,\sqrt{2}-\frac{8\,r}{3\,\pi}\,\sqrt{2}\right)+2\,\frac{r^2\,\pi}{4}\left(\frac{r}{2}\,\sqrt{2}-\frac{4\,r}{3\,\pi}\,\sqrt{2}\right)+r^2\,\frac{r}{2}\,\sqrt{2}\,,$$

woraus

$$\xi = r\,\sqrt{2}\,\frac{10-3\,\pi}{2\,(\pi-2)} = 0{,}356\,r.$$

14. Der Halbmesser ϱ des Viertelkreises an der Kanalsohle beträgt $\varrho = r\,(2-\sqrt{2})$. Aus $\eta = \dfrac{\Sigma\,F\,y}{\Sigma\,F}$ folgt mit Benutzung der Formeln für Halbkreis, Viertelkreis, Kreissektor und Dreieck

$$\eta = \frac{r}{2\,\pi}\,\frac{-\pi\,d+2\,r\,[4\,(\sqrt{2}-1)+\pi\,(2-\sqrt{2})]}{r\,(6-\sqrt{2})-2\,d}$$

und mit $v = d/r$:

$$\eta = r\,\frac{1{,}1132-\dfrac{v}{2}}{4{,}5858-2\,v}\,.$$

15. $\dfrac{\eta_1}{\eta_2} = \dfrac{1}{\pi-1}$. (Der Zeiger 1 bezieht sich auf die größere der beiden Teilflächen.)

16. Mit $F = \dfrac{a}{2}\,(2\,h + a\,\mathrm{ctg}\,\alpha) - \dfrac{r^2\,\alpha}{2}$ als Querschnittsfläche ergibt sich

$$\xi = \frac{1}{6\,F}\,[a^2\,(3\,h + a\,\mathrm{ctg}\,\alpha) - 2\,r^3\,(1 - \cos\alpha)],$$

$$\eta = \frac{1}{6\,F}\,[3\,a\,h\,(h + 2\,a\,\mathrm{ctg}\,\alpha) + 2\,a^3\,\mathrm{ctg}^2\,\alpha - 2\,r^3\,\sin\alpha].$$

Die Guldinsche Regel liefert für das Volumen V des Intze-Behälters

$$V = 2\,\pi\,\xi\,F = \frac{\pi}{3}\,[a^2\,(3\,h + a\,\mathrm{ctg}\,\alpha) - 2\,r^3\,(1 - \cos\alpha)].$$

17. Da die Spannungen S in beiden Seilstücken gleich sind, müssen $A\,C$ und $B\,C$ mit der Lotrechten den gleichen Winkel ψ einschließen und es ist

$$S = \frac{G}{2\cos\psi}. \tag{a}$$

Die Koordinaten ξ, η des Schwerpunktes der Platte in bezug auf die durch O gelegten x-, y-Achsen sind

$$\xi = \frac{r^2}{R^2 - r^2}\,e, \qquad \eta = \frac{4}{3\,\pi}\frac{R^3 - r^3}{R^2 - r^2}. \tag{b}$$

Das Momentengleichgewicht für Punkt A fordert

$$S\,2\,R\cos(\psi - \alpha) = G\,[(R + \xi)\cos\alpha + \eta\sin\alpha]$$

oder wegen (a):

$$R\cos(\psi - \alpha) = \cos\psi\,[(R + \xi)\cos\alpha + \eta\sin\alpha],$$

woraus sich ergibt

$$R\,\mathrm{tg}\,\psi = \xi\,\mathrm{ctg}\,\alpha + \eta. \tag{c}$$

Hiezu tritt die aus dem Dreiecke $A\,B\,C$ folgende geometrische Beziehung

$$l\sin\psi = 2\,R\cos\alpha, \tag{d}$$

durch die bei gegebener Neigung α der Winkel ψ bestimmt ist, so daß man aus (c) mit den in (b) angegebenen Werten die gesuchte Exzentrizität e berechnen kann; es ergibt sich

$$e = \left(\frac{R^2}{r^2} - 1\right)\mathrm{tg}\,\alpha\left[\frac{2\,R\cos\alpha}{\sqrt{l^2 - 4\,R^2\cos^2\alpha}} - \frac{4}{3\,\pi}\frac{R^3 - r^3}{R^2 - r^2}\right].$$

Aus (a) berechnet sich die Seilspannung zu

$$S = \frac{G\,l}{2\sqrt{l^2 - 4\,R^2\cos^2\alpha}}.$$

Das Verhältnis der Seilstücke $A\,C$ und $B\,C$ beträgt

$$\frac{R + \xi + \eta\,\mathrm{tg}\,\alpha}{R - \xi - \eta\,\mathrm{tg}\,\alpha}.$$

18. Es ist zufolge der Konstruktion $\dfrac{\overline{O\,S}}{\overline{O\,C}} = \dfrac{\overline{O\,G}}{\overline{O\,E}}$, oder $\overline{O\,S} = \dfrac{r^2}{\overline{O\,E}}$.

Nun ist $\overline{O\,E} = \sqrt{r^2 + \left(\dfrac{6}{7}\,r\sqrt{2}\right)^2} = \dfrac{11}{7}\,r$, womit $\overline{O\,S} = \dfrac{7}{11}\,r = 0{,}636363\,r$

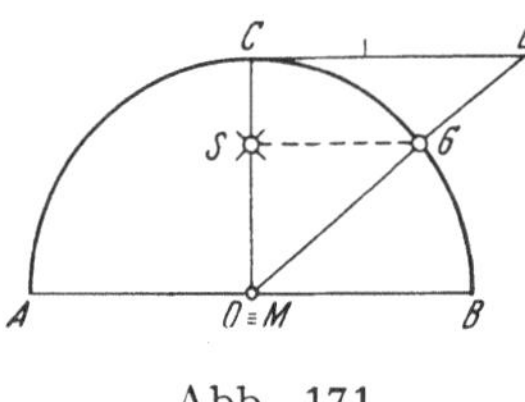

Abb. 171

wird.

Gegenüber dem genauen Werte

$$x_s = \frac{2\,r}{\pi} = 0{,}636620\,r \text{ ergibt sich}$$

eine Abweichung von $- 0{,}04\%$.

Für flachere Bogen wird die Abweichung noch kleiner.

19. Mit der Sehnenlänge $\overline{A\,B} = c$ ist $\overline{O\,S} = x_s = c/\alpha$ oder mit $b = r\,\alpha$ als Bogenlänge:

$$x_s = \frac{r\,c}{b}. \tag{a}$$

Die Fläche des Segmentes $A\,C\,B\,A$ beträgt

$$F = \frac{b\,r}{2} - \frac{c}{2}\,\overline{O\,M}$$

oder wegen (a)

$$F = \frac{c}{2}\left(\frac{r^2}{x_s} - \overline{O\,M}\right).$$

Da aber nach Konstruktion $\overline{O\,H} = r^2/x_s$, so wird

$$F \doteq \frac{c}{2}\,(\overline{O\,H} - \overline{O\,M}) = \frac{c}{2}\,\overline{M\,H},$$

also gleich der Rechteckfläche $H\,N\,B\,M$.

III. Ebene Fachwerke

a) Kräftepläne

In den folgenden Zeichnungen sind die Fachwerkstäbe im Lageplane und ihre Spannkräfte im Kraftplane mit Ziffern bezeichnet.

Doppellinien oder gestrichelte Linien bedeuten Druckkräfte, einfache Linien Zugkräfte. Die gegebenen Lasten sind ebenso wie die Auflagerkräfte stark ausgezogen.

Die gegebenen Lasten setze man ins Gleichgewicht mit den Lager- oder Stützkräften, wodurch letztere bei statisch bestimmter Lagerung bestimmt sind. Beim Entwerfen von reziproken Kraftplänen einfacher ebener Fachwerke leisten folgende Regeln von Cremona und Bow gute Dienste:

a) Man reihe im Kraftplane die äußeren Kräfte (Lasten und Stützkräfte) so aneinander, wie sie bei der Umfahrung der Gurtungen in beliebig gewähltem Umlaufsinne aufeinanderfolgen.

b) Die Kräfte des dem Gleichgewichte eines Knotenpunktes des Fachwerkes entsprechenden geschlossenen Krafteckes müssen in dem gleichen Sinne aneinander gereiht werden, wie er vorher in (a) als Umlaufsinn für das ganze Fachwerk gewählt war.

c) Man bezeichne die durch Dreiecke oder Vielecke gebildeten Innenfächer des Fachwerkes, die in ihrer Aufeinanderfolge jeweils nur *einen* Fachwerkstab gemeinsam haben dürfen, mit Buchstaben, ebenso die von den Wirkungslinien der äußeren Kräfte und den Gurtungen gebildeten Außenfächer. Dann entspricht jedem Fache des Lageplanes ein mit gleichem Buchstaben zu bezeichnender Punkt im Kraftplane; von ihm gehen die Kräfte jener Stäbe aus, welche das ihm entsprechende Fach beranden.

d) Für die Fächereinteilung sind die Wirkungslinien der an Umfangsknoten angreifenden Kräfte nur mit ihrem vom Knoten nach außen weisenden Teil einzutragen, so daß solche Kräfte immer Außenfelder begrenzen. Bei überkreuzenden Stäben denke man sich zwecks Ermöglichung der Anwendung der Regel (c) an der Schnittstelle ein Gelenk eingeschaltet; die Stabkräfte zweier sich überkreuzenden Stäbe kommen dann im Kraftplan doppelt vor, der dann freilich nicht mehr die Eigenschaft der Reziprozität mit dem Lageplan des Fachwerkes besitzt. Bei Fachwerken mit einem *belasteten Innenknoten* wird dieser durch einen in Richtung der Knotenlast eingezogenen idealen Stab mit der nächstliegenden Gurtung in einem idealen Knoten verbunden, an dem die lediglich in ihrer Wirkungslinie verschobene Innenknotenlast nun als Außenknotenlast wirkt. Die Stabkraft im idealen Stabe ist dann gleich der Knotenlast; die Spannkraft des Gurtstabes mit dem idealen Knoten erscheint im Kraftplane zweimal in gleicher Größe (Aufg. III a, 13, 14, 15, 24).

Erfolgt der Lastangriff nicht unmittelbar an einem Knotenpunkt, so verteile man eine solche Last nach statischen Gesetzen auf die beiden nächstliegenden Knoten (Aufg. III a, 10, 11, 21, 22).

Ist das Fachwerk in drei Stützstäben gelenkig gelagert, die sich nicht in einem Punkte schneiden dürfen, dann sind deren Stabkräfte durch ihr Gleichgewicht mit der Mittelkraft aller äußeren Kräfte nach der Methode von Culmann graphisch zu bestimmen (Aufg. III a, 7, 8, 9, 11).

Besitzt ein Fachwerk nur drei- und mehrstäbige Knoten, so reichen die Regeln (a) bis (d) zur Zeichnung eines reziproken Kraftplanes nicht hin. In solchen Fällen ist es häufig möglich, einen Durchschnitt durch das Fachwerk so zu führen, daß nur drei Stäbe geschnitten werden, die sich nicht in einem Punkte schneiden (Ritterschnitt). Dann ergeben sich die drei Stabkräfte aus ihrem Gleichgewicht mit den am abgeschnittenen Fachwerkteil wirkenden äußeren Kräfte. (Graphisch benutze man hiefür die Methode von Culmann, analytisch setze man drei Momentengleichungen um die Schnittpunkte je zweier der geschnittenen Stäbe an.) (Aufg. III a, 14 bis 22.) Zuweilen läßt sich ein nur drei Stäbe schneidender Ringschnitt führen (Aufg. III a, 24). Eine Erweiterung der Ritterschen Schnittmethode besteht in der *Zweischnittmethode*; sie ist möglich, wenn *zwei* Durchschnitte so gelegt werden können, daß jeder nur vier Stäbe trifft, wobei aber zwei der geschnittenen Stäbe beiden Schnitten angehören müssen. Zur rechnerischen Ermittlung der Spannungen in diesen beiden Stäben setze man die Momente um die Schnittpunkte des übrigbleibenden Stabpaares in beiden Schnitten gleich Null.

Die graphische Ausnutzung dieses Verfahrens ist in Aufg. III a, 32 erläutert.

Bei Fachwerken, die keinen Ritterschnitt oder Ringschnitt zulassen, führt stets das Ersatzstabverfahren von Henneberg zum Ziele.

Die Methode der Fehlannahme von Saviotti ist immer dann brauchbar, wenn die Zeichnung des Kraftplanes möglich wird, sobald *eine* Stabkraft bekannt ist. — (Beide Verfahren sind erläutert an der Aufg. III a, 29.)

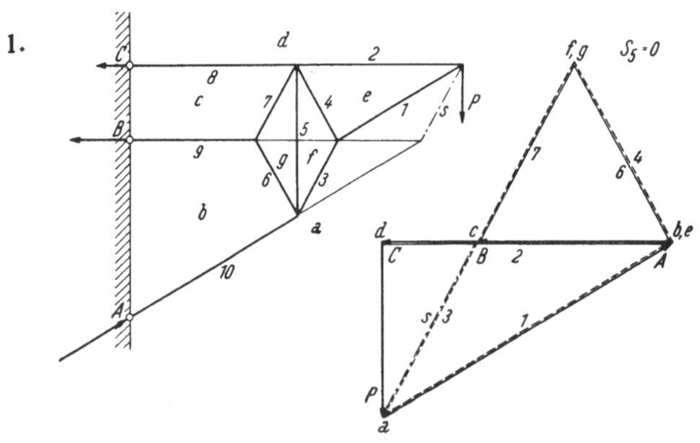

Abb. 172

2.

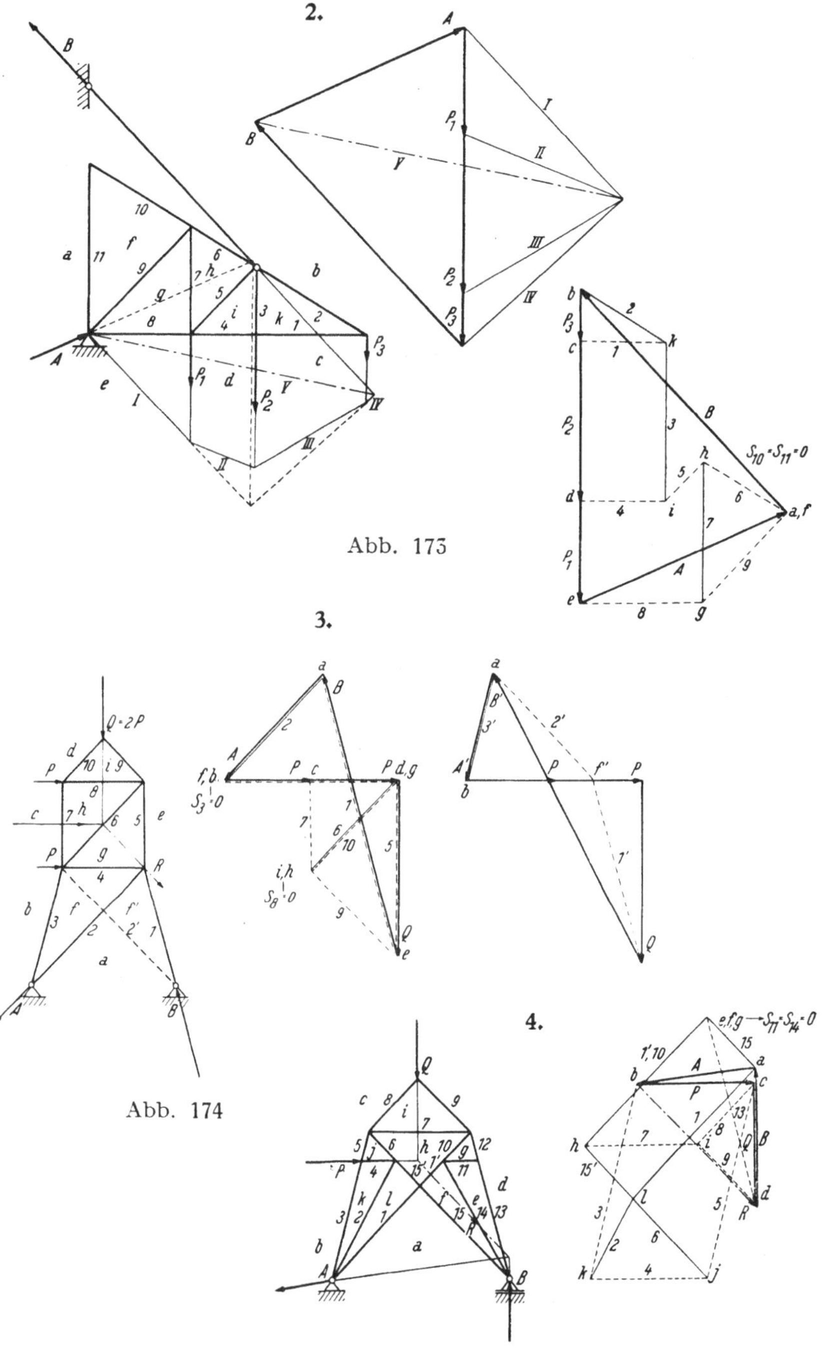

Abb. 173

3.

Abb. 174

4.

Abb. 175

5.

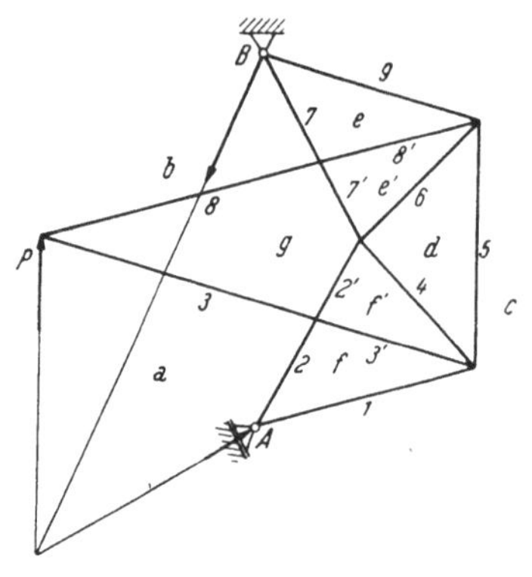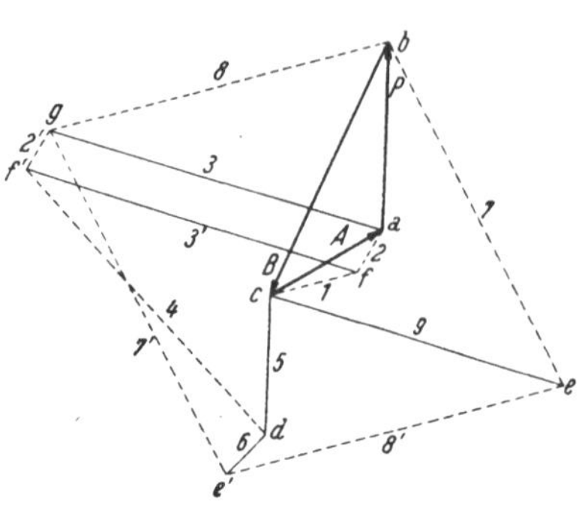

Abb. 176

6.

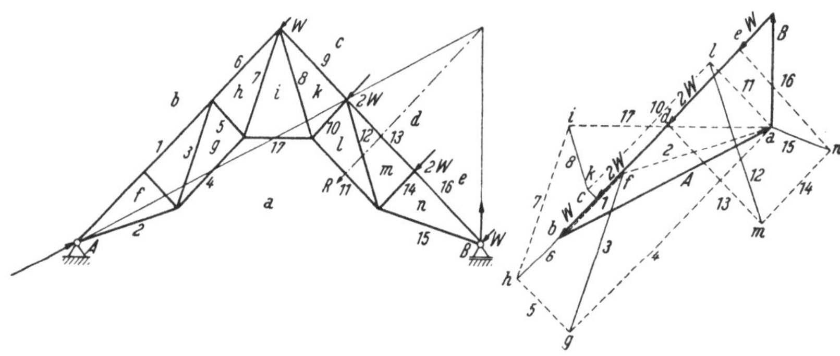

Abb. 177

7.

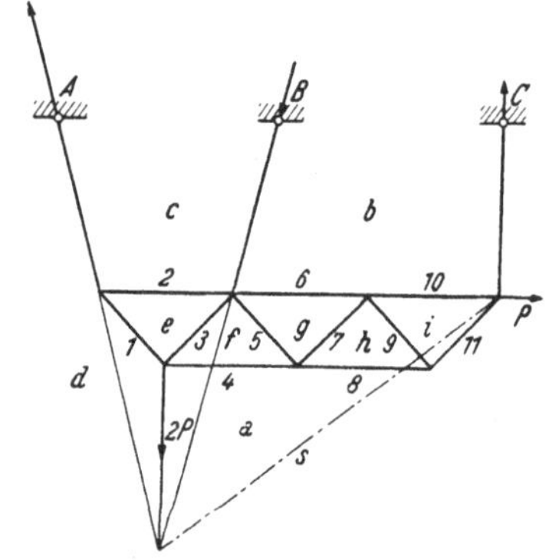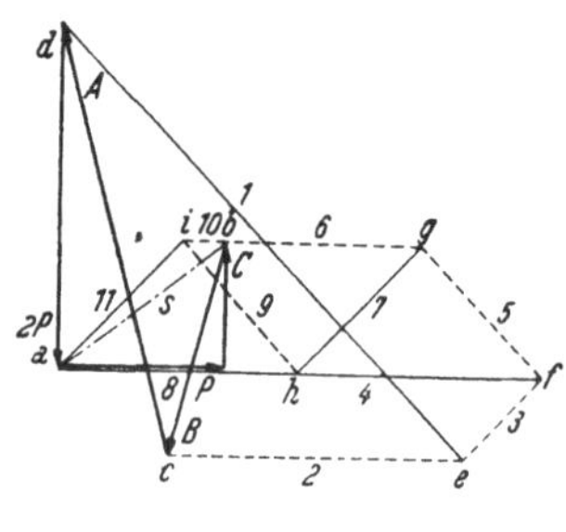

Abb. 178

8.

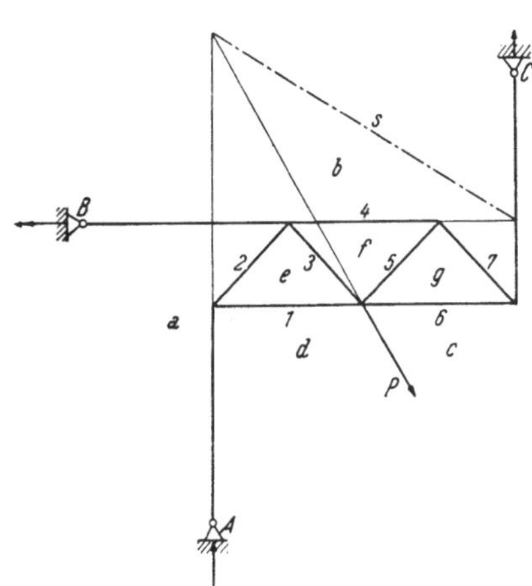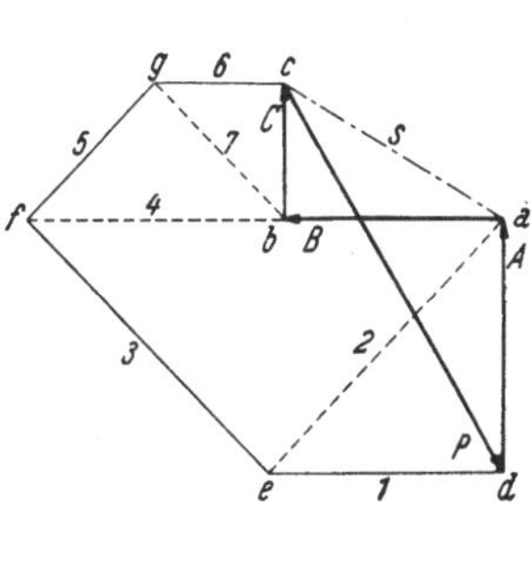

Abb. 179

9.

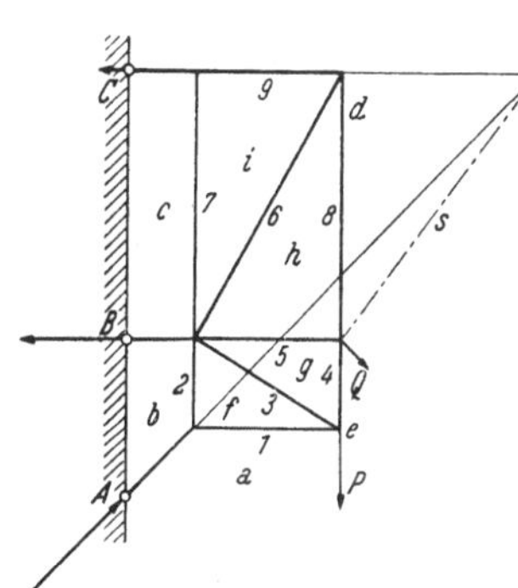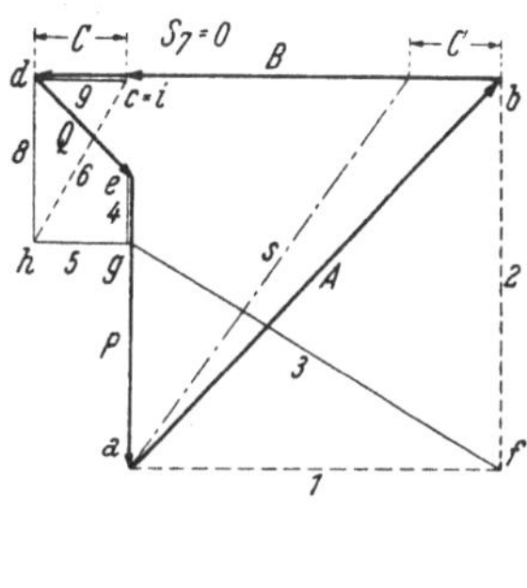

Abb. 180

10.

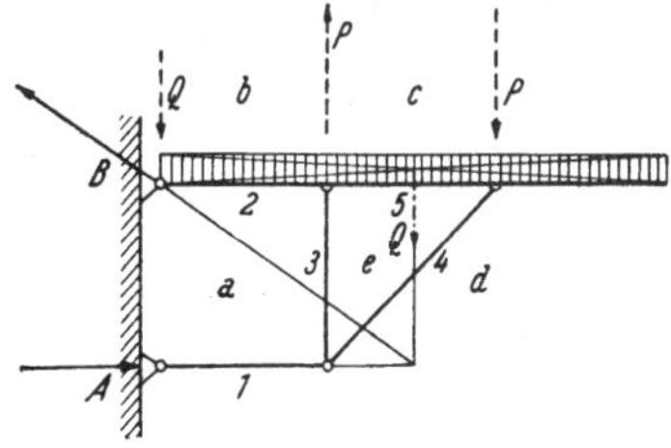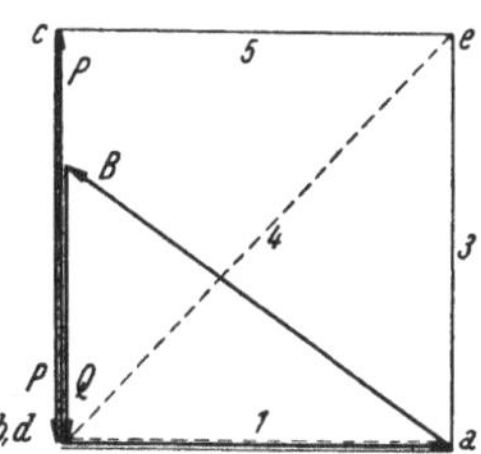

Abb. 181

11.

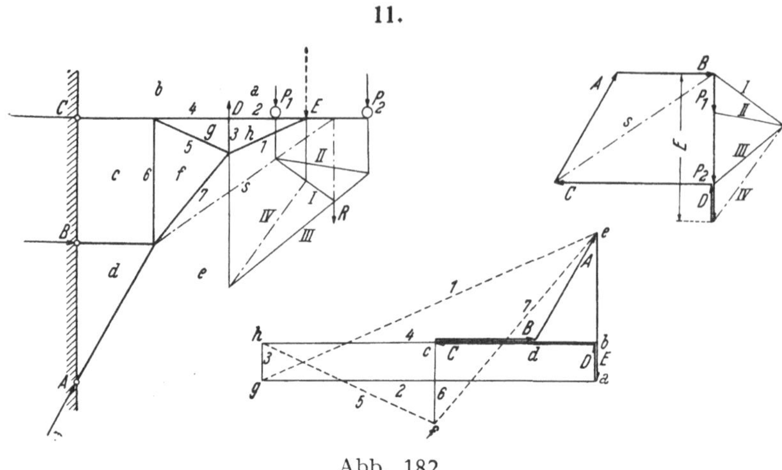

Abb. 182

12.

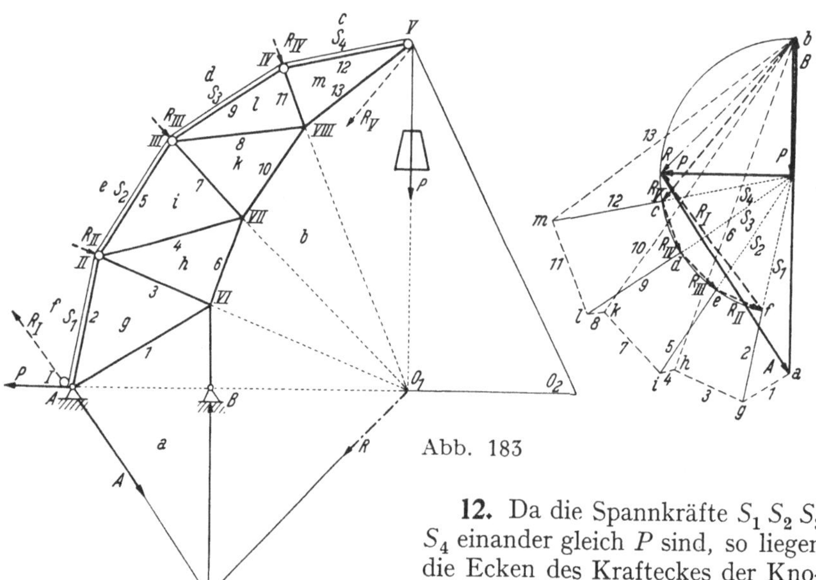

Abb. 183

12. Da die Spannkräfte $S_1\,S_2\,S_3\,S_4$ einander gleich P sind, so liegen die Ecken des Krafteckes der Knotenkräfte R_I bis R_V auf einem Kreise vom Halbmesser P. Ihre geometrische Summe ist gleich der durch O_1 gehenden Mittelkraft R der beiden zueinander senkrechten und gleich großen Kräfte P.

Damit sind die Knotenkräfte bestimmt.

Aus dem Gleichgewichte der drei Kräfte R, A und B, von denen die Größe und Lage von R sowie die Wirkungslinie von B bekannt sind, ergeben sich A und B vollständig, so daß der Kraftplan gezeichnet werden kann.

13.

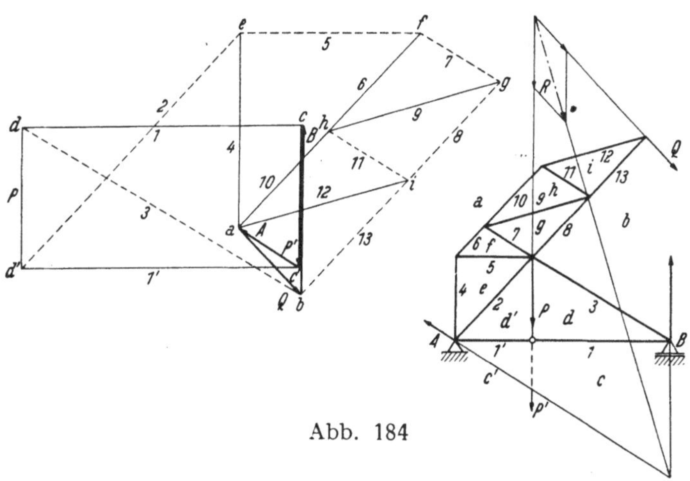

Abb. 184

14.

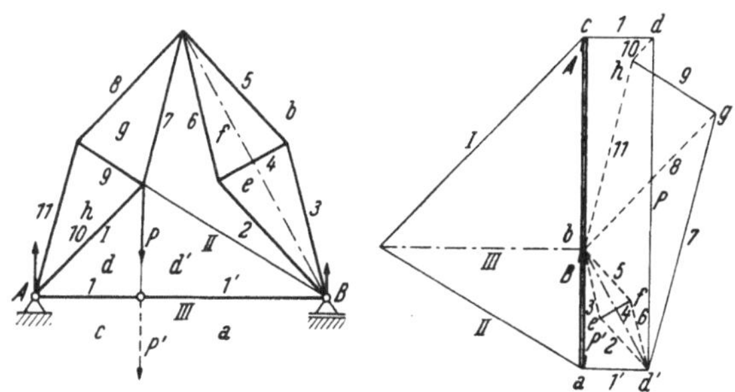

Abb. 185

15.

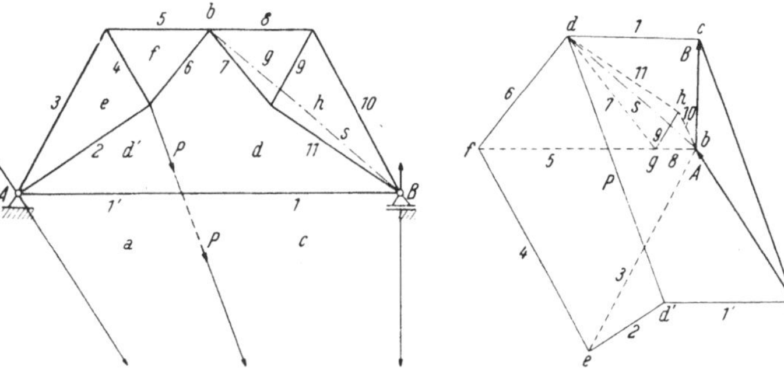

Abb. 186

16.

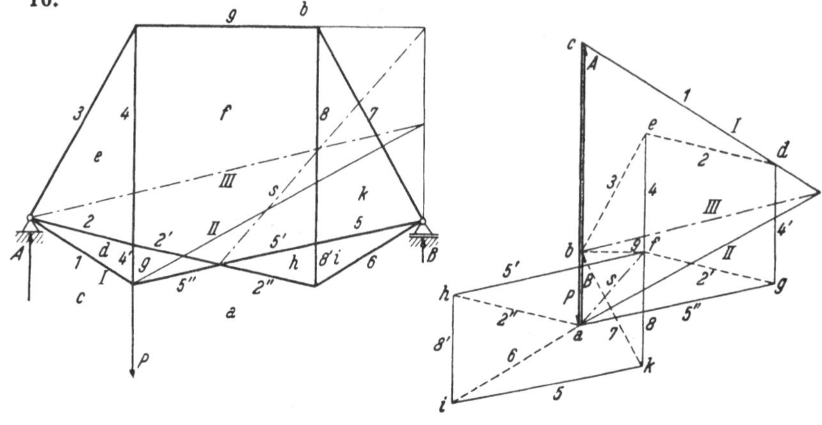

Abb. 187

17.

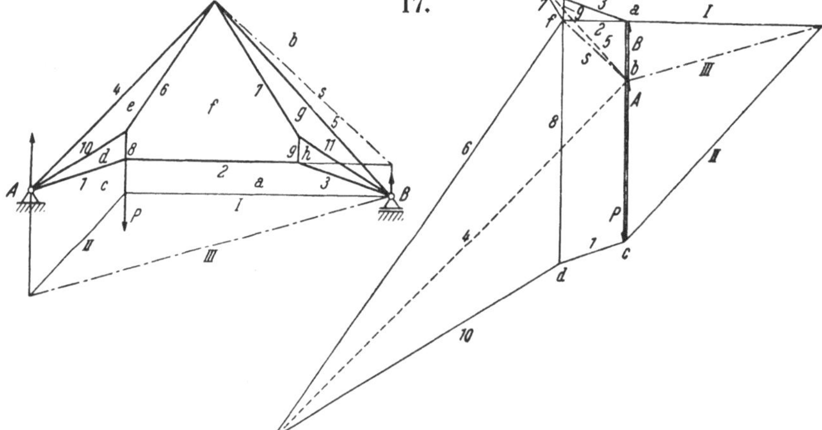

Abb. 188

18.

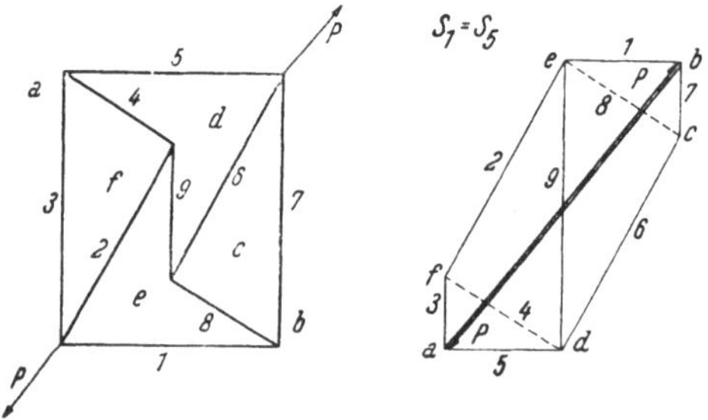

Abb. 189

19.

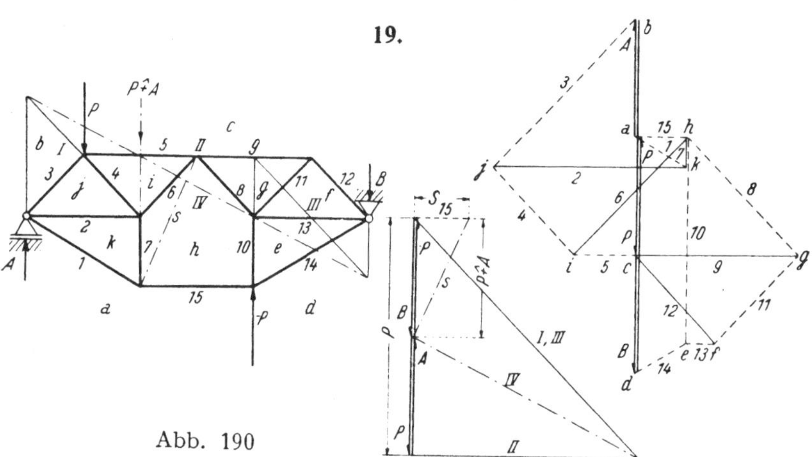

Abb. 190

20.

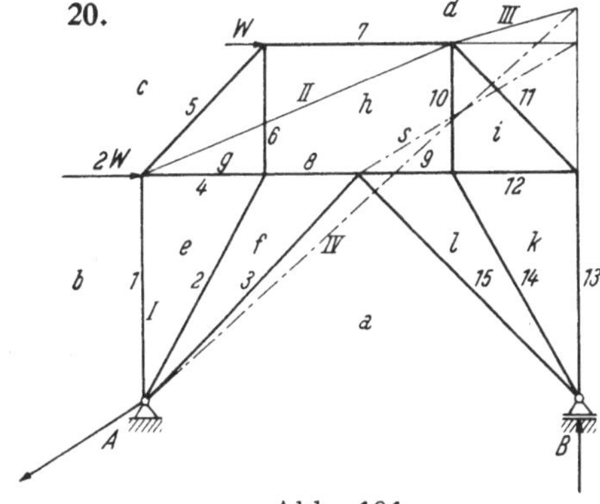
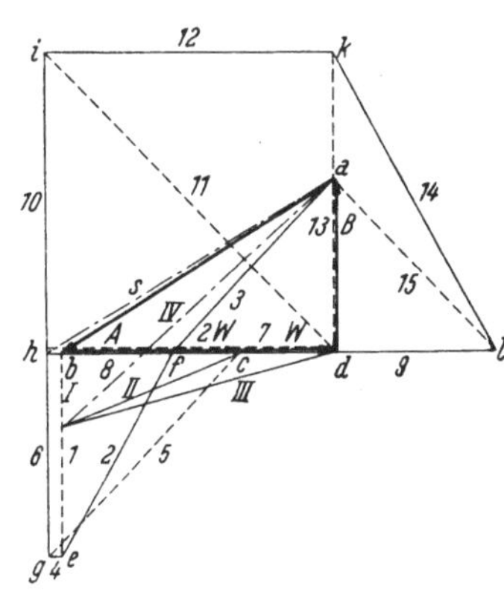

Abb. 191

21.

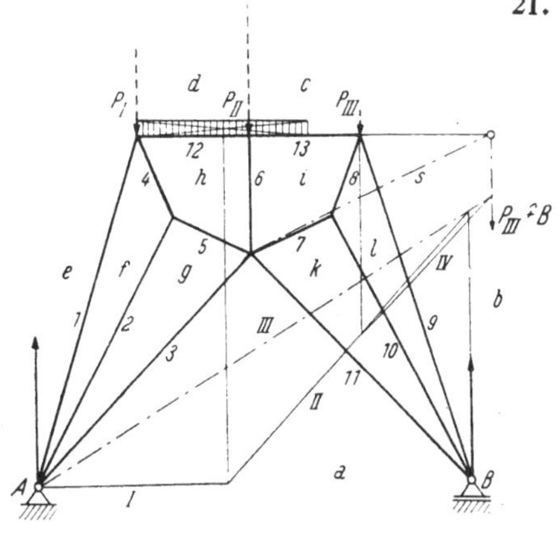
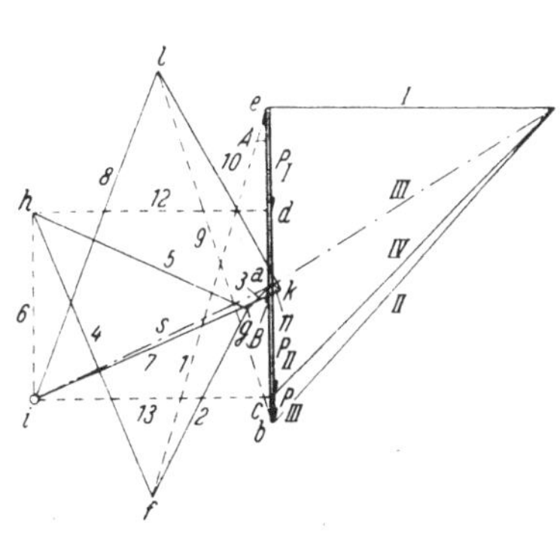

Abb. 192

22.

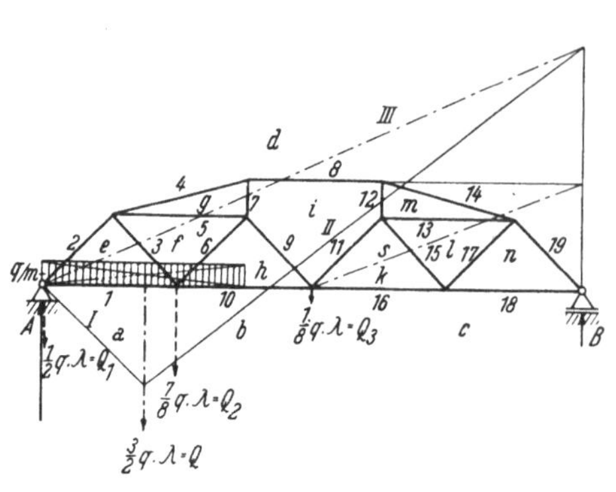
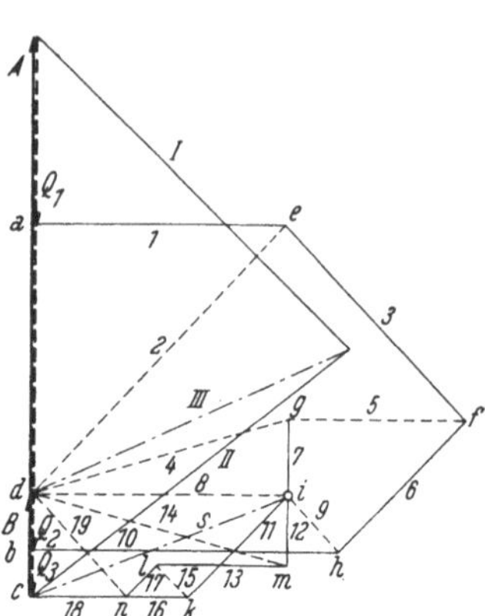

Abb. 193

23.

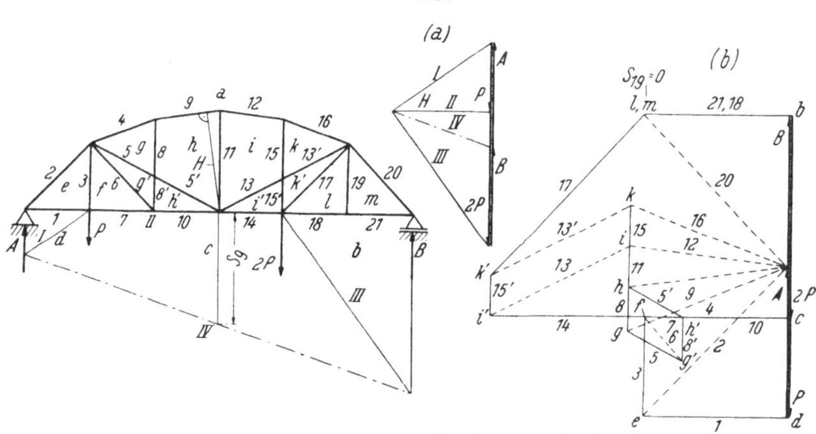

Verhältnis der Maßstäbe in a und b ist 2:3

Abb. 194

24.

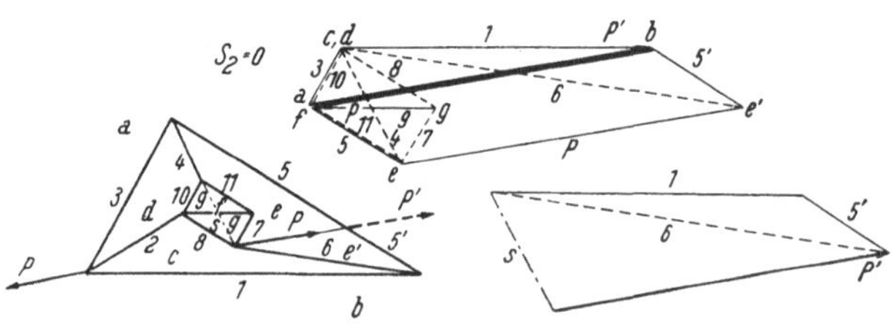

Abb. 195

25.

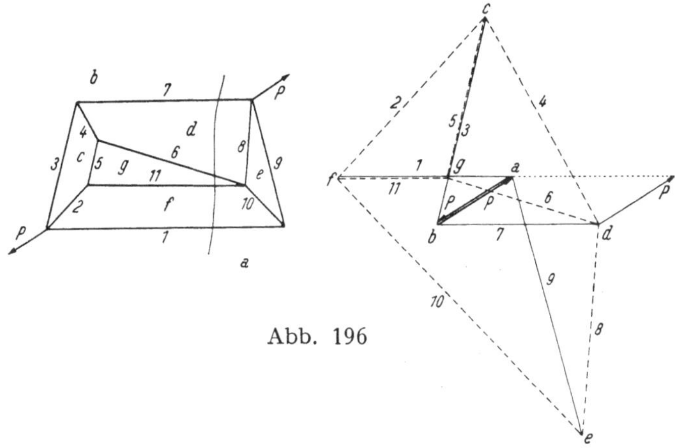

Abb. 196

26.

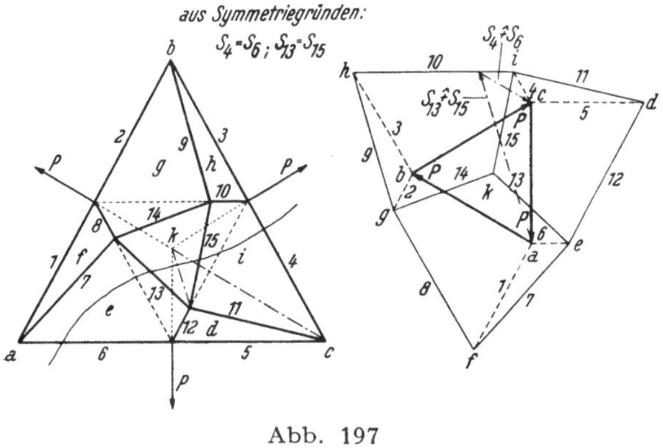

Abb. 197

27.

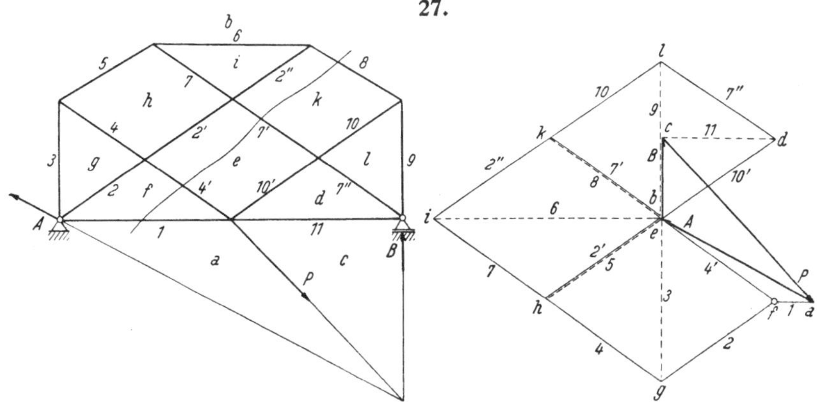

Abb. 198

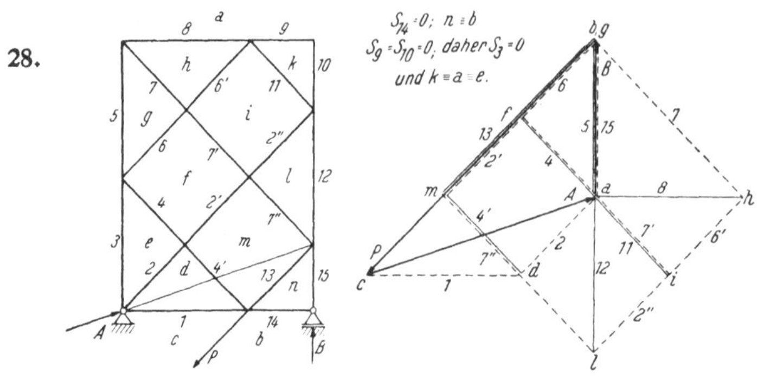

Abb. 199

29. a) Das Fachwerk besitzt an den Gurtungen lauter dreistäbige Knoten; da ein Ritterschnitt nicht möglich ist, so wird die Methode des Ersatzstabes von Henneberg benutzt. Stab 3 wird entfernt und der Ersatzstab q eingezogen. In diesem entsteht unter der Wirkung der äußeren Kräfte die Spannkraft S_q' (Kraftplan a_1). Der Kraftplan a_2 für das nur mit den beliebig gewählten Knotenkräften $\pm S_3''$ belastete Fachwerk ergibt im Stabe q die Spannkraft S_q''.

Ist $X S_3''$ die im ursprünglichen Fachwerke entstehende Spannkraft des Stabes 3, so ergibt sich jene im Ersatzstabe bei Überlagerung beider Belastungsfälle mit

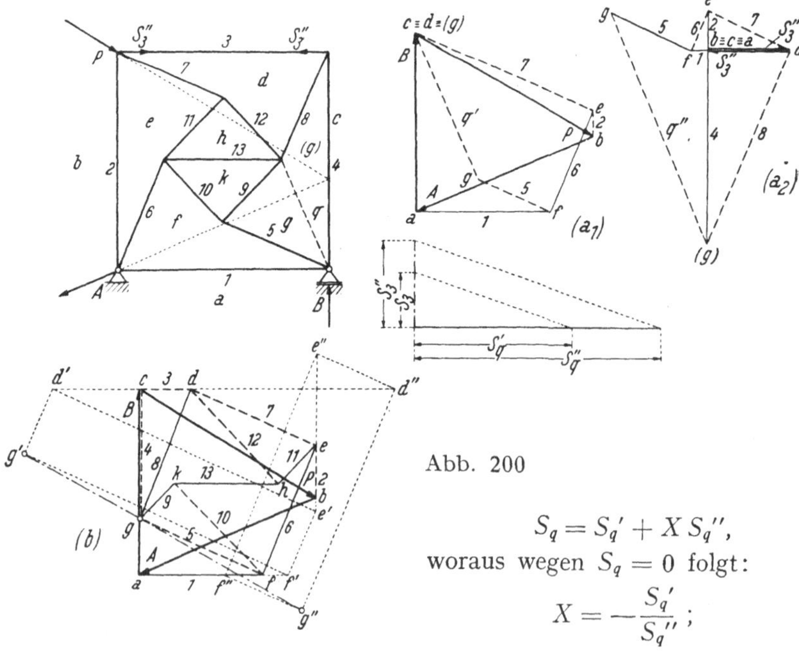

Abb. 200

$$S_q = S_q' + X S_q'',$$
woraus wegen $S_q = 0$ folgt:
$$X = -\frac{S_q'}{S_q''};$$

somit beträgt die wirkliche Spannkraft

$$S_3 = X\,S_3{}'' = -\frac{S_q{}'}{S_q{}''}\,S_3{}''.$$

(Konstruktion mit zwei ähnlichen Dreiecken).

Mit der Kenntnis von S_3 läßt sich der endgültige Kraftplan b zeichnen, der im Zusammenhange mit der folgenden zweiten Lösung dieser Aufgabe dargestellt ist.

b) Methode der Fehlannahme von Saviotti. (Kraftplan b).

Die den Außenfeldern a, b, c entsprechenden Punkte des Kraftplanes sind bekannt. Eine Fortsetzung der Konstruktion scheitert daran, daß von den Innenfeldern keine entsprechenden Punkte im Kraftplane angegeben werden können. Wählt man zunächst willkürlich den dem Innenfache d entsprechenden Punkt d', der auf dem durch c zu 3 gezogenen Parallelstrahl liegen muß, dann bekommt man e' im Schnitte von $d'\,e'\parallel 7$ mit $b\,e'\parallel 2$, ferner f' im Schnitte von $e'\,f'\parallel 6$ mit $a\,f'\parallel 1$, schließlich g' im Schnitte von $d'\,g'\parallel 8$ mit $f'\,g'\parallel 5$.

Bei richtiger Annahme von d' müßte g' auch auf der Parallelen zu 4 durch c liegen, denn 4 gehört dem Fache g an.

Die Wiederholung der vorstehenden Konstruktion mit einer zweiten Fehlannahme d'' auf $c\,d'$ liefert die Punkte $e''\,f''\,g''$.

Es ändert demnach das Viereck $d'\,e'\,f'\,g'$ seine Gestalt so, daß drei seiner Ecken auf vorgegebenen Geraden wandern. Nun gilt der Satz von Steiner: „Ändert ein n-Eck seine Form in der Art, daß sämtliche Seiten durch Punkte ein und derselben Geraden gehen (die bei den hier zu machenden Anwendungen des Satzes die unendlich ferne Gerade ist), während $n-1$ Punkte gerade Linien beschreiben, so bewegt sich auch der n-te Eckpunkt auf einer Geraden.

Hienach liegt der Punkt g auf der Geraden $g'\,g''$, und zwar in ihrem Schnitte mit der durch c zu 4 gezogenen Parallelen.

Durch g sind auch die endgültigen Lagen der Punkte $f\,e\,d$ bestimmt, so daß der Kraftplan vollständig gezeichnet werden kann.

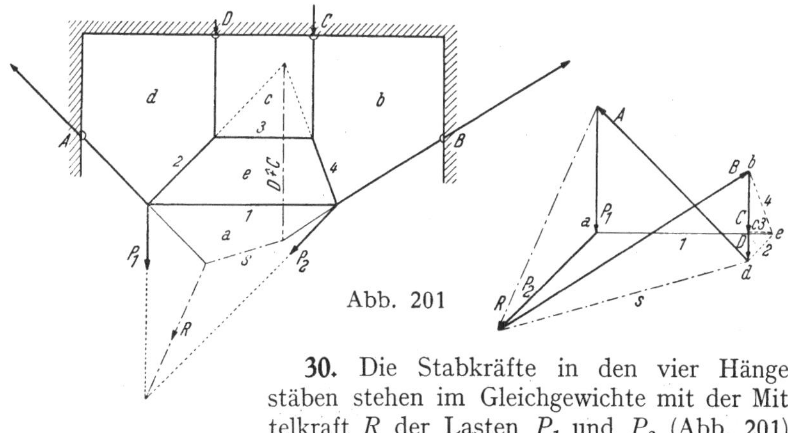

Abb. 201

30. Die Stabkräfte in den vier Hängestäben stehen im Gleichgewichte mit der Mittelkraft R der Lasten P_1 und P_2 (Abb. 201).

Ein Schnitt durch die beiden Stäbe 2, 4 zeigt, daß die Mittelkraft $D \uparrow C$ der beiden lotrechten Stabkräfte durch den Schnittpunkt von 2 mit 4 führt. Es ist demnach R zu zerlegen in die drei Kräfte A, B und $D \uparrow C$, deren Wirkungslinien bekannt sind.

(Culmannsche Methode mit der Hilfsgeraden s.) Sodann kann der Kraftplan durch Eintragung von 1, 2, 3, 4 ergänzt werden.

31. Die Lösung mit Benutzung imaginärer Gelenke ist in Aufg. V, 11 angegeben. Bei Anwendung der kinematischen Methode zeichnet man für die durch Wegnahme des Stützstabes $A\,D$ entstehende zwangläufige kinematische Kette einen Plan der senkrechten Geschwindigkeiten mit dem Nullpunkt o, beginnend mit der ihrer Größe nach beliebig gewählten gedrehten Geschwindigkeit $\overline{o\,k}$ des Knotens K, wobei $o\,k \parallel C\,K$.

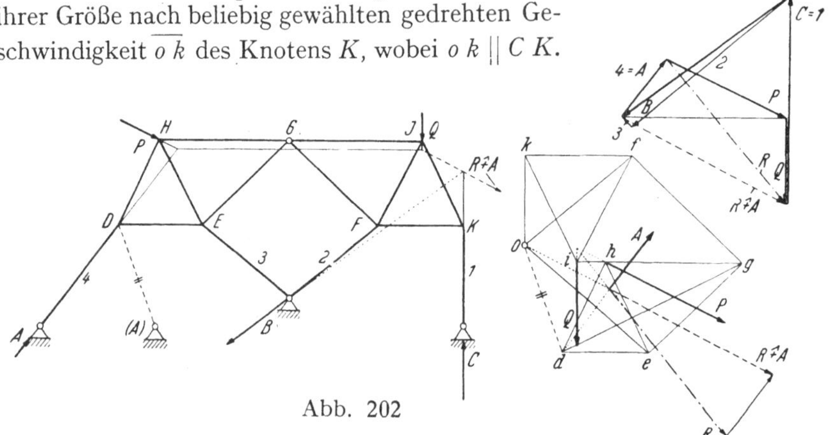

Abb. 202

Da $\mathfrak{v}_F = \mathfrak{v}_K + \mathfrak{v}_{FK}$, so ergibt sich der Geschwindigkeitspunkt f im Schnitte von $o\,f \parallel B\,F$ mit $k\,f \parallel K\,F$. In analoger Weise gewinnt man die Geschwindigkeitspunkte $i\ g\ e\ h\ d$.

Das Prinzip der virtuellen Leistungen ergibt für die mit $\mathfrak{P}$, $\mathfrak{Q}$ und $\mathfrak{A}$ belastete kinematische Kette

$$\mathfrak{P} \cdot \mathfrak{v}_H + \mathfrak{Q} \cdot \mathfrak{v}_J + \mathfrak{A} \cdot \mathfrak{v}_D = 0.$$

Da die virtuellen Leistungen die Bedeutung von statischen Momenten der in den Geschwindigkeitspunkten h, i und d angesetzten Kräfte P, Q, A um den Nullpunkt o haben, so ist die Stützkraft A aus dem Momentengleichgewicht dieser drei Kräfte um den Punkt o zu bestimmen. Ist R die Mittelkraft aus P und Q, so muß demnach $R \uparrow A$ durch o gehen, so daß nun A konstruiert werden kann.

Mit A sind die Spannkräfte in den übrigen drei Stützstäben durch Zeichnung eines Kraftplanes bestimmt.

32. Da lauter dreistäbige Außenknoten vorhanden sind, so kann der Kraftplan nach der Methode der Stabvertauschung von Henneberg oder jener der Fehlannahme von Saviotti konstruiert werden. Im vorliegenden Falle führt auch die im folgenden verwendete *Zweischnittmethode* in rein zeichnerischer Durchführung einfach zum Ziele.

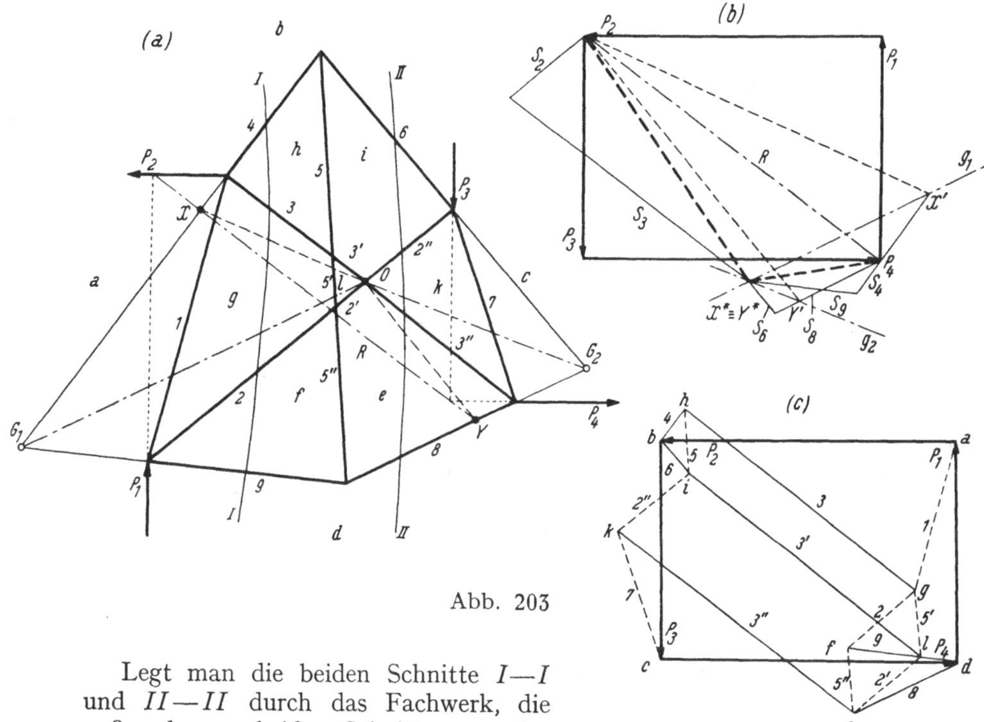

Abb. 203

Legt man die beiden Schnitte $I{-}I$
und $II{-}II$ durch das Fachwerk, die
außer den — beiden Schnitten gemein-
samen — Stäben 2, 3 noch die Stäbe 4, 9 und 6, 8 schneiden, so muß
einerseits die Mittelkraft $R = P_1 \mathbin{\widehat{+}} P_2$ mit den Stabkräften 2, 3, 4, 9
Gleichgewicht halten, anderseits die Mittelkraft $-R = P_3 \mathbin{\widehat{+}} P_4$ mit
den Stabkräften 2, 3, 6, 8.

Da die Wirkungslinie von $2 \mathbin{\widehat{+}} 3$ durch den Punkt O und jene von
$4 \mathbin{\widehat{+}} 9$ durch den Punkt G_1 geht, so ist R ins Gleichgewicht zu setzen
mit zwei Kräften, deren Wirkungslinien durch die gegebenen Punkte O
und G_1 gehen und sich auf R schneiden.

Einer willkürlichen Annahme X dieses Schnittpunktes auf R entspricht dann im zugehörigen Kraftecke (Abb. b) der Punkt X'; bewegt sich X auf R, so beschreibt der Punkt X' die Gerade $g_1 \parallel O G_1$.

Faßt man in analoger Art die Kräfte in den vom Schnitte II ge-
troffenen Stäben zu $2 \mathbin{\widehat{+}} 3$ und $6 \mathbin{\widehat{+}} 8$ zusammen, so ist $-R$ ins Gleichgewicht zu setzen mit zwei Kräften, deren Wirkungslinien durch die
gegebenen Punkte O und G_2 gehen und sich auf R schneiden. Mit der
Annahme Y dieses Schnittpunktes auf R ergibt sich im entsprechenden Kraftecke der Punkt Y' und es ist der geometrische Ort aller
Punkte Y' bei auf R wanderndem Y die Gerade $g_2 \parallel O G_2$.

Der Schnittpunkt $X^* \equiv Y^*$ der beiden Geraden $g_1 g_2$ ergibt daher
die richtige Lage von X' und Y'; damit sind aber auch die Stabkräfte in den geschnittenen Stäben bestimmt und es ist nun die
Zeichnung des Kraftplanes (Abb. c) möglich.

b) Der Ausnahmefall

1. Bei einem ebenen Fachwerke mit s Stäben und k Knoten, das der Bedingung $s = 2\,k - 3$ entspricht, liegt der Ausnahmefall (unendlich kleine Beweglichkeit) vor, wenn die Länge eines Stabes als Funktion der Längen der übrigen Stäbe betrachtet einen extremen Wert hat. Dann ist die Determinante D jener $2\,k - 3$ Gleichungen, welche die Konstanz der Stablängen bei einer kleinen Bewegung zum Ausdruck bringen, gleich Null, d. h. diese Gleichungen sind nicht voneinander unabhängig. Die Berechnung dieser durch die Gliederung des Fachwerkes und durch die Richtungen aller Stäbe bestimmten Determinante D ist im allgemeinen sehr umständlich. Ein einfacheres Kriterium für den Ausnahmefall besteht darin, daß dann im unbelasteten Fachwerke *Selbstspannungen* möglich sind, was beim stabilen, statisch bestimmten Fachwerke nicht zutreffen kann.

2. Nimmt man im Knoten A des Stabes 1 eine Selbstspannung S_1 beliebig an (Abb. 204), so liefert das Gleichgewicht dieses Knotens

$$S_1 - S_2 \cos \beta + S_8 \cos \alpha = 0,$$
$$S_2 \sin \beta + S_8 \sin \alpha = 0,$$

woraus folgt:

$$S_2 = S_1 \frac{\sin \alpha}{\sin \gamma} = n\,S_1;$$

analog wird $S_3 = n\,S_2 = n^2 S_1, \ldots$ und $S = n\,S_6 = n^6 S_1$.

Da aber im Ausnahmefall $S = S_1$ sein soll, so folgt $n^6 = 1$ oder

$$\frac{\sin \alpha}{\sin \gamma} = 1, \quad \text{d. h.} \quad \alpha = \gamma;$$

damit der Ausnahmefall vorliege, muß demnach der äußere Ring mit dem inneren durch radial angeordnete Stäbe verbunden sein.

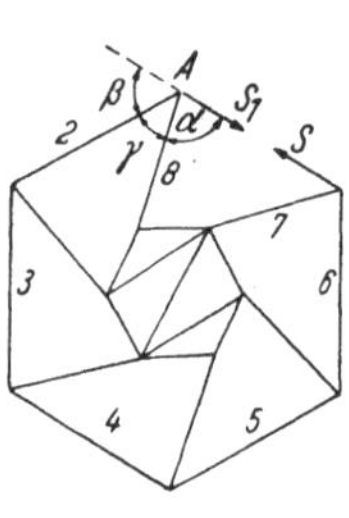

Abb. 204

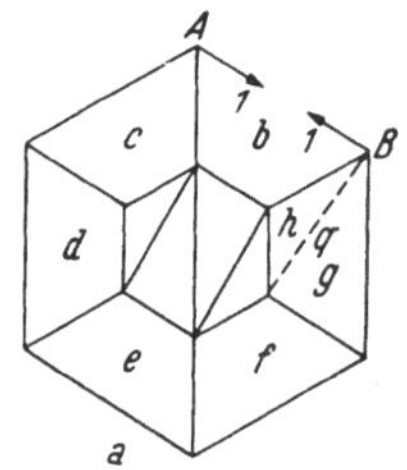

Abb. 205

Wendet man zur Ermittlung der Stabkräfte die Methode der Stabvertauschung von Henneberg an, das heißt, beseitigt man den Stab 1 und setzt zwecks Erhaltung der Stäbezahl den Ersatzstab q ein (Abb. 205), so ergibt sich für dieses nun in den Knoten A und B des beseitigten Stabes mit $\pm\,1$ belastete Fachwerk die Spannkraft im Ersatzstabe q

zu Null, da im zugehörigen Kraftplan $g \equiv h$ ist, das heißt die Stab-spannungen werden unendlich groß; dies ist ebenfalls ein Kennzeichen der Beweglichkeit des Fachwerkes.

Bei Anwendung der kinemati-schen Methode der Stabkraftermitt-lung ist der Ausnahmefall dadurch gekennzeichnet, daß die Verbin-dungslinie der Endpunkte der ge-drehten Geschwindigkeiten der Knoten E, D des beseitigten Stabes (Abb. 206) parallel zu diesem wird.

Ist zum Beispiel das Fachwerk durch die im Gleichgewichte be-findlichen Kräfte $+P, -P, +Q,$ $-Q$ belastet und zeichnet man nach der Methode der Fehlannahme (Saviotti) den Kraftplan, so er-kennt man das Vorliegen des Aus-nahmefalles daran, daß der einem

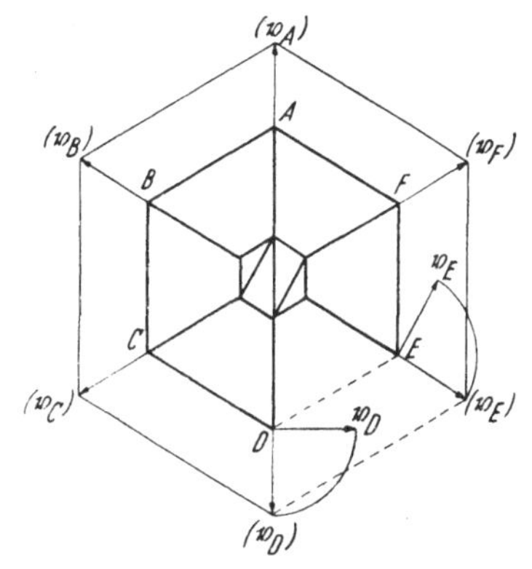

Abb. 206

Felde (in Abb. 207 ist es das Feld f) des Fachwerkes entsprechende Punkt f des Kraftplanes ins Unendliche rückt: Die Stabkräfte werden unendlich groß.

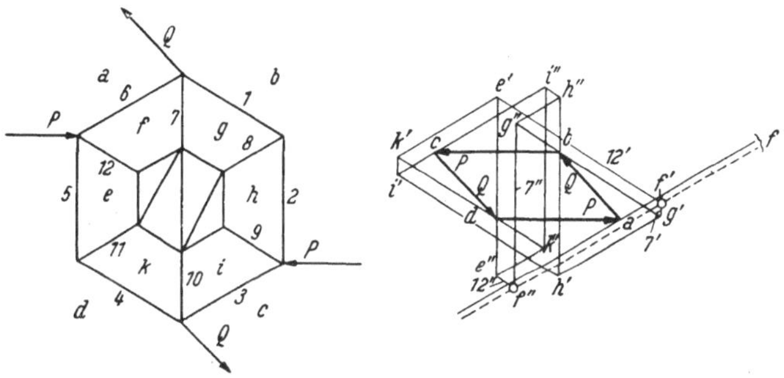

Abb. 207

3. Wenn die Verschiebungsrichtung des Gleitlagers C senkrecht zur Strecke $o\,c$ des Planes der gedrehten Geschwindigkeiten ist, dann ist das Fachwerk trotz Anordnung des Lagers C beweglich.

4. Wenn dem Stützstab die Lage $D\,(A) \parallel o\,d$ im Plane der gedrehten Geschwindigkeiten gegeben wird, dann ist das Momentengleichgewicht der Kräfte P, Q, A um den Nullpunkt o nicht möglich, das Stabsystem befindet sich dann im Ausnahmefall.

Bei der in V 11 angegebenen Lösung dieser Aufgabe mit Benutzung der imaginären Gelenke $G_1\,G_2$ erkennt man das Vorliegen des Ausnahme-falles (unendlich kleine Beweglichkeit) daran, daß dann die drei Gelenke $G_1\,G_2\,G$ auf einer Geraden liegen müssen.

6*

Bringt man $G_2 G$ mit Stab 3 zum Schnitte in H, so gibt die Gerade $H D$ jene Lage D (A) des Stützstabes 4, für welche das System wackelig wird.

5. Die Zerlegung von R in die Kräfte A, B und $D \mathbin{\widehat{\pm}} C$ ist dann nicht möglich, wenn sich deren Wirkungslinien in einem Punkte schneiden, das heißt, wenn das Hängegerüst eine lotrechte Symmetrieachse hat.

Dann sind im *unbelasteten* Hängegerüst Selbstspannungen möglich, was aus den Gleichgewichtsgleichungen zweier benachbarter Knoten unmittelbar hervorgeht.

6. Fallen die Punkte $G_1 G_2 O$ in eine Gerade, dann werden die Geraden g_1 und g_2 im Kraftplane parallel; demnach wird R unendlich groß und es ergeben sich unendlich große Stabspannungen als Kennzeichen des Ausnahmefalles. Die Gerade $G_1 G_2 O$ ist aber eine Pascalsche Gerade des Sechseckes, das heißt, seine Ecken liegen auf einem Kegelschnitte.

IV. Biegungsmomente, Quer- und Längskräfte gerader Träger

1. Die Zerlegung der Kraft P nach den Richtungen I (parallel $C E$) und II (parallel $F D$) ergibt die vom Stabsystem auf den Träger $A B$ übertragenen Kräfte C und D, deren lotrechte Komponenten für die Er-

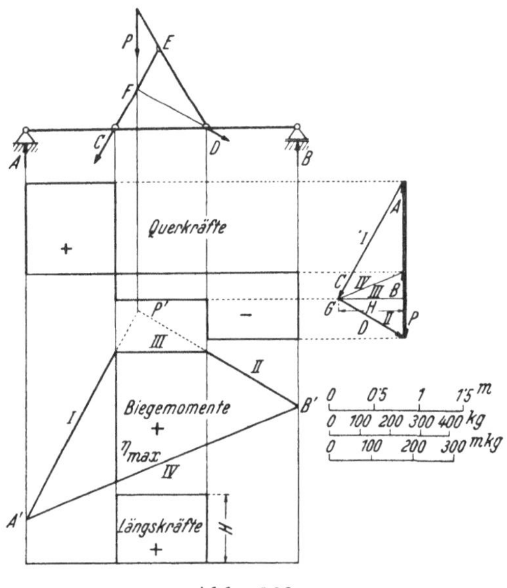

Abb. 208

mittlung der Biegungsmomente und Querkräfte in Betracht kommen und deren waagrechte Komponenten als Längskräfte im Träger $A B$ wirken. Die Polweite H, das ist die Entfernung des Poles G von P, ist durch das Krafteck *P I II* bereits festgelegt. Beginnend bei dem willkürlich auf der Wirkungslinie von *A* gewählten Punkt *A′* zeichne man .das Seileck *I III II* zu den lotrechten Komponenten von *C* und *D*; die durch *G* gezogene Parallele zur Schlußlinie *A′ B′* schneidet auf *P* die beiden Auflagerdrücke *A, B* ab. (Abb. 208).

Bei der Betrachtung des Gleichgewichts des Gesamtsystems (Träger +
+ Stabwerk) treten die in den Gelenken *C* und *D* je paarweise entgegengesetzt gleichen Gelenkreaktionen als innere Kräfte in Erscheinung, daher lassen sich die Auflagerdrücke *A, B* auch aus der Kraft *P* allein bestimmen, indem *P* ins Gleichgewicht gesetzt wird mit zwei Parallelkräften durch die Stützpunkte *A* und *B*; demnach liegt der Schnittpunkt *P′* der Seilstrahlen *I II* auf der Wirkungslinie von *P*.

Die η-Ordinaten des Seileckes liefern die Biegungsmomente des Trägers *A B*, denn es ist $M = \eta H$.

Durch den bei der Zeichnung der Systemskizze gewählten Längenmaßstab und den für das Krafteck benutzten Kraftmaßstab ist der Momentenmaßstab für die Messung der Ordinaten η bereits bestimmt.

Da die Polweite $H = 220$ kg, so entsprechen der Einheit des Längenmaßstabes 220 kgm Moment, wodurch der Momentenmaßstab festgelegt ist; mit diesem wird $M_{max} = 290$ kgm.

Die Bezugslinie für das Querkraftdiagramm wird zweckmäßig waagrecht durch jenen Punkt im Krafteck gelegt, der den Auflagerdrücken *A, B* gemeinsam ist.

Bei der Zeichnung der Schaulinie für die Längskräfte trage man diese am Orte ihrer Wirkung senkrecht zur Trägerachse im Kraftmaßstabe auf.

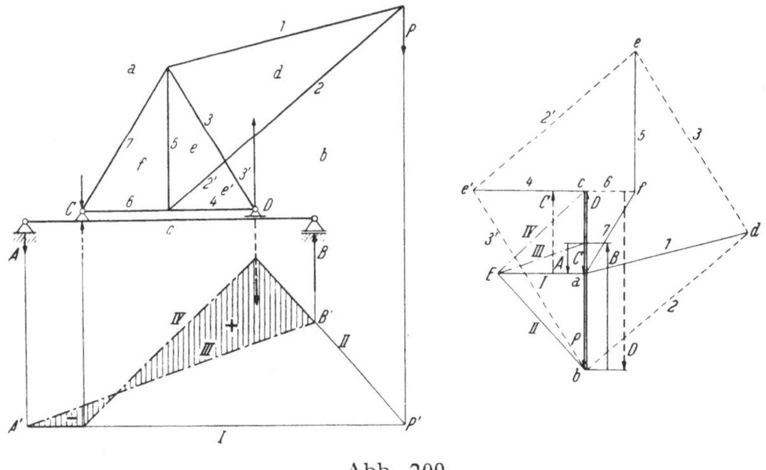

Abb. 209

2. Für die Ermittlung der Auflagerreaktionen *A* und *B* hat man die Auslegerlast *P* ins Gleichgewicht zu setzen mit zwei Parallelkräften durch die Auflagerpunkte *A, B*; die Kraftwirkungen in *C* und *D* tilgen sich als innere Kräfte des Gesamtsystems. (Abb. 209).

Nach Auftragung von $P\,(=\overline{a\,b})$ wird der Pol E auf der Waagrechten durch Punkt a willkürlich gewählt; das geschlossene Seileck $A'\,P'\,B'$ (wo P' beliebig auf der Wirkungslinie von P angenommen ist) stellt zusammen mit dem in eine Strecke ausartenden Kraftecke $P\,B\,A$ das Gleichgewicht dieser drei Kräfte dar. Dabei wird A negativ, weshalb dort ein abhebsicheres Lager anzuordnen ist.

Die durch E zur Geraden IV gezogene Parallele ergibt im Kraftplan die vom Kran auf den Träger übertragenen Lasten C und D, so daß das zugehörige Seileck und damit die Schaulinie für die Biegungsmomente bestimmt sind. Beachte, daß C nach aufwärts, D mit P gleichgerichtet sein muß.

3. Aus dem Momentengleichgewicht für den Punkt B folgt

$$A = q\,\frac{l}{2}\,\frac{l-2a}{l-a}\,; \tag{a}$$

für einen Querschnitt in der Entfernung x vom linken Auflager ist

$$Q_x = A - q\,x, \qquad M_x = A\,x - \frac{q\,x^2}{2}.$$

Der Ort x_1 des größten positiven Biegungsmomentes im Felde $A\,B$ ist durch $Q_x = 0$ mit $x_1 = \dfrac{A}{q}$ bestimmt, womit

$$M_{x,1} = \frac{A^2}{2\,q}$$

wird. Da ferner $M_B = -\dfrac{q\,a^2}{2}$, so folgt aus $M_{x,1} = |M_B|$

$$\frac{q\,a^2}{2} = \frac{A^2}{2\,q} \quad \text{oder} \quad A = \pm\,q\,a.$$

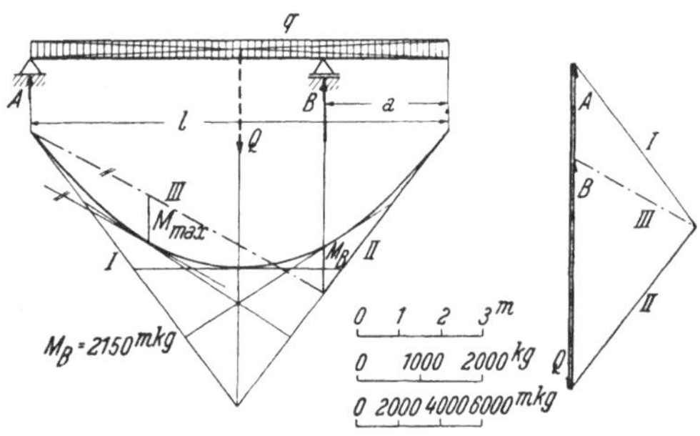

Abb. 210

Ist das Lager A nicht abhebsicher, so kommt nur das positive Vorzeichen in Frage und es ergibt sich wegen (a) die Gleichung

$$l^2 - 4\,a\,l + 2\,a^2 = 0$$

mit den Lösungen

$$\frac{a}{l} = 1 \pm \frac{1}{\sqrt{2}},$$

von denen, da $a < l$ sein muß, nur $\dfrac{a}{l} = 1 - \dfrac{1}{\sqrt{2}} = 0{,}293$ brauchbar ist.

Ist hingegen das Lager A abhebsicher, dann führt $A = - q\,a$ zur Gleichung $l^2 = 2\,a^2$ mit dem Ergebnis

$$\frac{a}{l} = \frac{1}{\sqrt{2}} = 0{,}707.$$

In diesem Falle entsteht das größte Biegungsmoment im Felde $A\,B$ an der Stelle B, wo es den Wert $\dfrac{q\,a^2}{2}$ hat (kein analytisches Maximum, denn $\dfrac{dM}{dx}$ ist an der Stelle B nicht gleich Null).

4. Aus der Momentengleichung für Punkt B

$$A\,(l-a) - \frac{q\,(l-a)^2}{2} + q\,a^2 = 0$$

ergibt sich

$$A = \frac{q}{2} \, \frac{l^2 - 2\,a\,l - a^2}{l - a}. \qquad \text{(a)}$$

Im Felde $A\,B$ ist das M_{max} gleich $\dfrac{A^2}{2\,q}$, das Auflagermoment M_B beträgt $M_B = - P\,a = - q\,a^2$; daher führt die Forderung

$$M_{max} = |M_B|$$

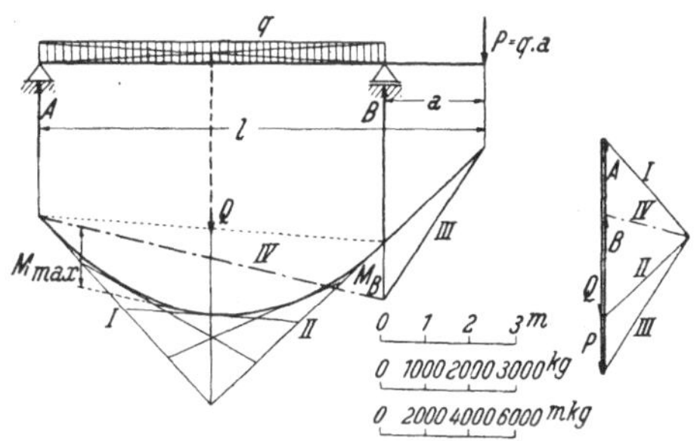

Abb. 211

zu $A = \pm\, q\,a\,\sqrt{2}$; für nicht abhebsicheres Auflager A kommt nur das positive Vorzeichen in Betracht und es ergibt sich wegen (a) die Gleichung

$$a^2\,(2\,\sqrt{2}-1) - 2\,a\,l\,(1 + \sqrt{2}) + l^2 = 0,$$

von deren beiden Wurzeln nur

$$\frac{a}{l} = \frac{\sqrt{2}-1}{2\,\sqrt{2}-1}$$

brauchbar ist.

Mit $l = 10$ m wird $a = 2{,}265$ m und mit $q = 500$ kg/m: $A = 1\,602$ kg, $M_B = 2\,566$ mkg.

5. Das Momentengleichgewicht für Punkt B liefert

$$A\,l - P\left(\frac{3}{4}\,l - a\right) - q\,l\left(\frac{l}{2} - a\right) = 0,$$

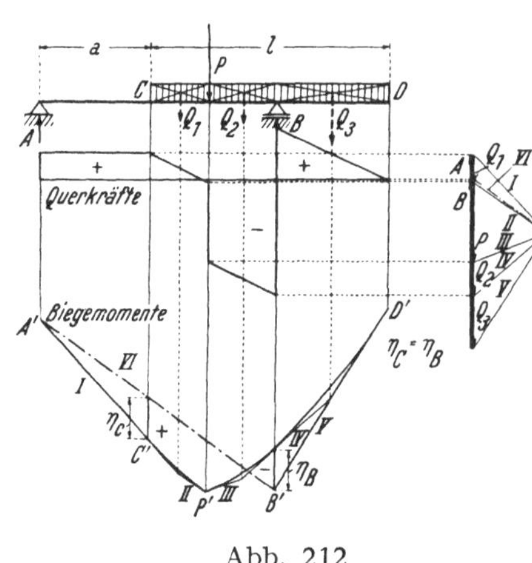

Abb. 212

so daß mit $P = (2/3)\,q\,l$

$$A = q\left(l - \frac{5}{3}\,a\right)$$

wird.

Die Forderung $M_C = |M_B|$ ergibt wegen $M_C = A\,a$, $M_B =$

$$= -\frac{q\,a^2}{2}:$$

$$q\,a\left(l - \frac{5}{3}\,a\right) = \frac{q\,a^2}{2},$$

woraus sich ergibt

$$a = \frac{6}{13}\,l.$$

6. Infolge der zur Trägermitte symmetrischen Lagerung und Belastung ist

$$C = D = \frac{5\,a\,q}{2} + \frac{P}{\sqrt{2}}.$$

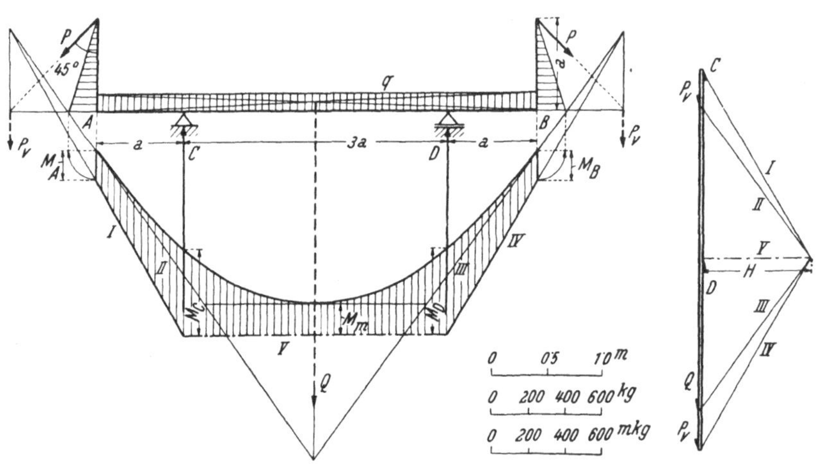

Abb. 213

In Trägermitte ist

$$M_m = C\,\frac{3\,a}{2} - q\,\frac{5\,a}{2}\,\frac{5\,a}{4} - \frac{P\,\sqrt{2}}{2}\left(a + \frac{5}{2}\,a\right) = \frac{a}{2}\left(\frac{5}{4}\,a\,q - 2\,P\,\sqrt{2}\right),$$

am Ende A:

$$M_A = -\frac{P\,\sqrt{2}}{2}\,a,$$

womit die Forderung $M_m = M_A$ zu $\dfrac{P}{aq} = \dfrac{5}{8}\sqrt{2}$ führt.

Mit $q = 400\,\text{kg/m}$, $a = 0,8\,\text{m}$ wird $M_A = M_m = -160\,\text{mkg}$ und $M_C = M_{max} = -448\,\text{mkg}$.

7. Konstruiere die Mittelkraft R der Belastungen P und $q\,\dfrac{3\,l}{4}$, deren Wirkungslinie jene des Gelenkdruckes A in F schneidet. Die Zerlegung von R in die Richtungen $F\,A$ und $F\,B$ ergibt im Kraftplane die Auflagerdrücke A und B. Zeichne mit dem Pole G (Polweite H zweckmäßig

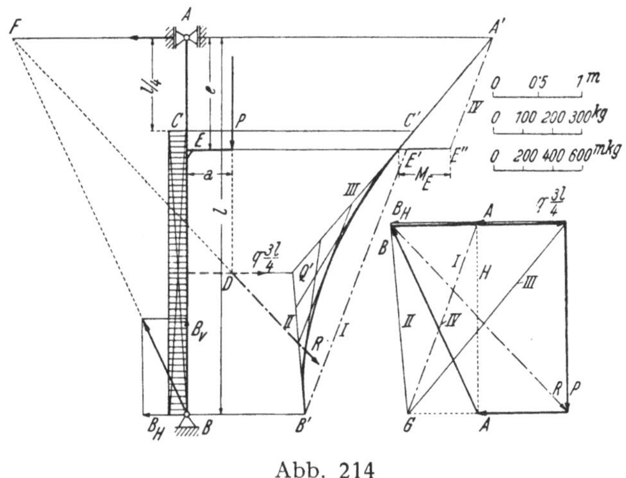

Abb. 214

gleich P gewählt) das Seileck zu den waagrechten Kräften B_H, $q\,\dfrac{3\,l}{4}$ und A; der erste Seilstrahl I ist durch B' parallel zu $G\,A$ gelegt, der letzte IV durch A' parallel I. An der Trägerstelle E tritt ein Momentensprung $\overline{E'\,E''}$ auf, hervorgerufen durch die exzentrisch wirkende lotrechte Last P, so daß $\overline{E'\,E''} \cdot H = P\,a$ oder, wegen der Annahme $H = P$, $\overline{E'\,E''} = a$.

Das größte Biegungsmoment entsteht in E mit dem Betrage 355 mkg.

8. Die Wirkungslinie der Gesamtlast Q geht durch den Schnittpunkt der Ringreaktionen A und B, die unter dem durch $f = \operatorname{tg}\varrho$ bestimmten Reibungswinkel gegen die Waagrechte geneigt sind; dadurch ist die Länge x des Fortsatzes F bestimmt und es kann das Momentendiagramm für den Träger F konstruiert werden. Die Polweite H wurde dabei gleich Q gemacht und der Kraftmaßstab so gewählt, daß die Kraftstrecke Q durch D dargestellt ist. Alle Querschnitte der Säule im Bereiche von ihrer unteren Einspannung bis zum Querschnitte in M sind durch das konstante Biegungsmoment $H\,\eta_M$ beansprucht. In M ent-

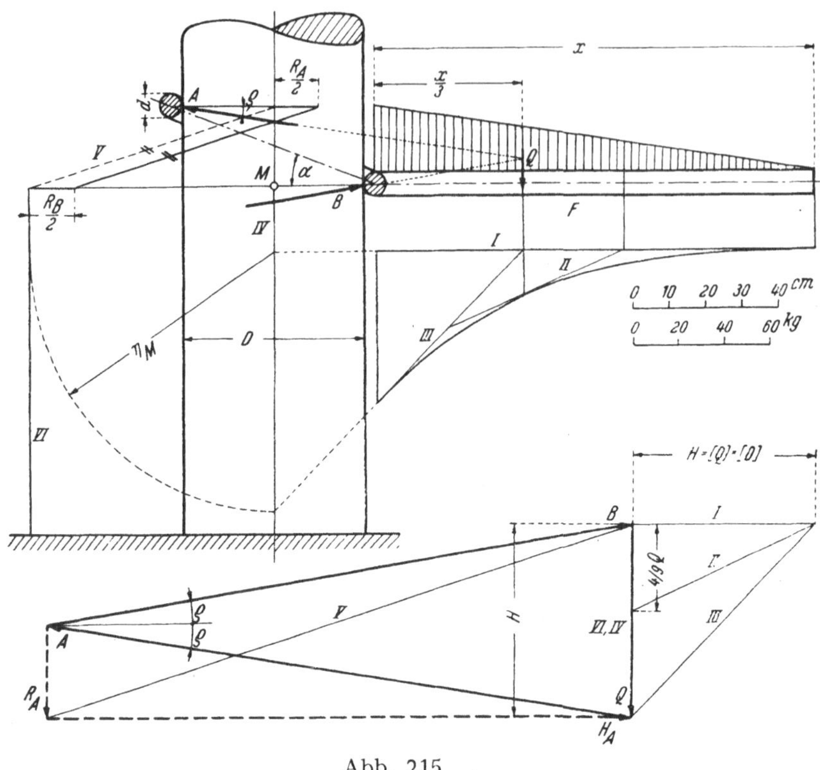

Abb. 215

steht ein Momentensprung vom Betrage $-R_B D/2$ infolge der in B wirkenden Reibungskraft R_B; bezogen auf die Polweite D ist der Sprung gleich $-R_B/2$. Von hier an ist linearer Momentenabfall bis auf den Wert $+R_A/2$ an dem durch A gelegten Querschnitte, wobei der Nullpunkt dieser Momentenlinie in den Schnittpunkt von A mit der Säulenachse fallen muß.

9. Die Kabelteile $\overline{DK} = p$ und $\overline{EK} = q$ müssen zur Wirkungslinie von Q symmetrisch liegen, da die Spannkräfte in beiden Stücken bei Vernachlässigung der Reibung gleich groß sind.

Mit β als Neigungswinkel dieser Teile gegen Q gilt

$$p \cos \beta - q \cos \beta = 2\,a \sin \alpha,$$
$$(p + q) \sin \beta = 2\,a \cos \alpha,$$

woraus

$$\sin \beta = \frac{2\,a}{l} \cos \alpha \qquad\qquad \text{a)}$$

und

$$p - q = \frac{2\,a \sin \alpha}{\cos \beta}.$$

Hieraus ergibt sich

$$q = \frac{l}{2} - \frac{a \sin \alpha}{\cos \beta}$$

und schließlich aus $x = q \sin \beta$:

$$x = a \cos \alpha \left[1 - \frac{2\,a}{l} \cdot \frac{\sin \alpha}{\sqrt{1 - \left(\dfrac{2\,a \cos \alpha}{l}\right)^2}} \right].$$

Mit den Angaben $l = 4\,a$, $a = 1\,\text{m}$, $\alpha = 30^0$ wird

$$x = 0{,}625\,\text{m}, \quad y = 1{,}303\,\text{m}.$$

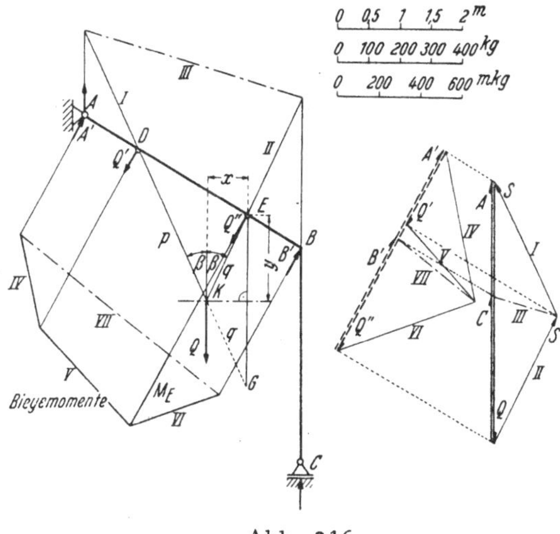

Abb. 216

Nach Gl. (a) ist die gesuchte Gleichgewichtslage in folgender Weise zu konstruieren: Lege durch Punkt E eine Lotrechte und bringe sie mit dem um D geschlagenen Kreis vom Halbmesser l in G zum Schnitt. Dann ist, da die waagrechte Projektion von $\overline{DE}$ gleich $2\,a \cos \alpha$, die Neigung von GD gegen die Lotrechte gemäß (a) gleich β. Und da das Dreieck EKG in der Gleichgewichtsstellung gleichschenklig sein muß, so liegt der gesuchte Punkt K im Schnitte von DG mit der Symmetralen von EG.

Zur gleichen Konstruktion führt auch die folgende rein geometrische Betrachtung: Da die Kabellänge l konstant ist, so gehören die möglichen Lagen des Punktes K einer Ellipse an mit den Brennpunkten E, D und der großen Achse l. Für Gleichgewicht befindet sich die mit Q belastete Rolle in ihrer *tiefsten* Lage, daher ist K der Berührungspunkt der waagrechten Ellipsentangente.

Legt man durch den Brennpunkt E die Lotrechte und schneidet sie mit dem um den anderen Brennpunkt D geschlagenen Kreis vom

Halbmesser l in G, so liefert die Symmetrale von $E\,G$ die waagrechte Ellipsentangente; in ihrem Schnitt mit $D\,G$ liegt der Punkt K.

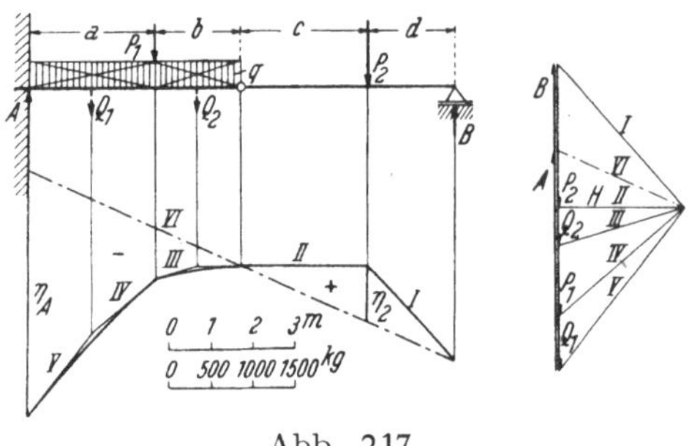

Abb. 217

Das größte Biegungsmoment des Riegels $A\,B$ entsteht in E und hat den aus dem Momentendiagramm entnommenen Wert $M_E = 380$ mkg.

10. Aus der Schaulinie der Biegungsmomente entnimmt man (Abb. 217)

$$+\,M_{max} = \eta_2\,H = 1\,920 \text{ mkg an der Laststelle } P_2,$$
$$-\,M_{max} = \eta_A\,[H = 8\,100 \text{ mkg an der Einspannstelle.}$$

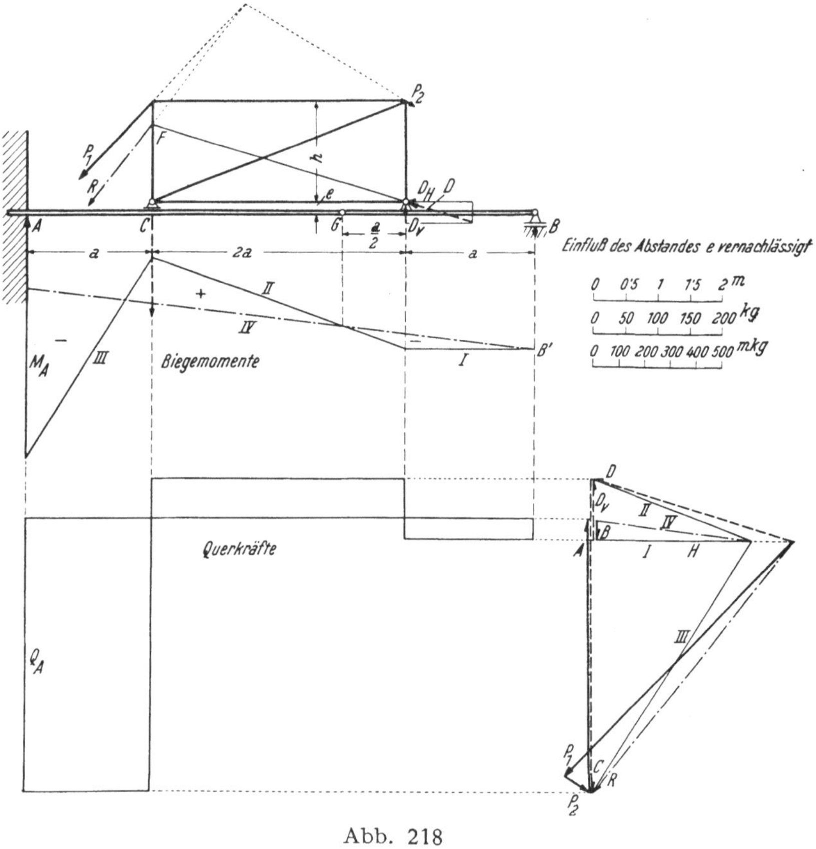

Abb. 218

11. Die Zerlegung der Mittelkraft R von P_1 und P_2 nach den Richtungen CF und DF (Abb. 218) liefert die auf den Gerberträger vom Stabgerüst übertragenen Kräfte C und D nach Größe und Richtungssinn. Zeichne für C und D_v das Seileck $I\,II\,III$ mit beliebiger Polweite H, beginnend bei B', und lege die Schlußlinie IV durch B' ($M=0$) so, daß das Biegungsmoment an der Stelle des Gelenkes G gleich Null wird. Die beiden Schaulinien für M und Q liefern

$$M_{max} = M_A = -637 \text{ mkg,}$$
$$Q_{max} = Q_A = 405 \text{ kg.}$$

12. Die Gelenkdrücke in G_1 und G_2 sind einander gleich, da P in der Mitte des Einhängträgers wirkt. Es ist

$$G = \frac{1}{2}\left[P + q\,(l_1 - 2\,z)\right]$$

oder wegen der Angabe $P = q\,l$

$$G = \frac{q}{2}\,(l + l_1 - 2\,z). \tag{a}$$

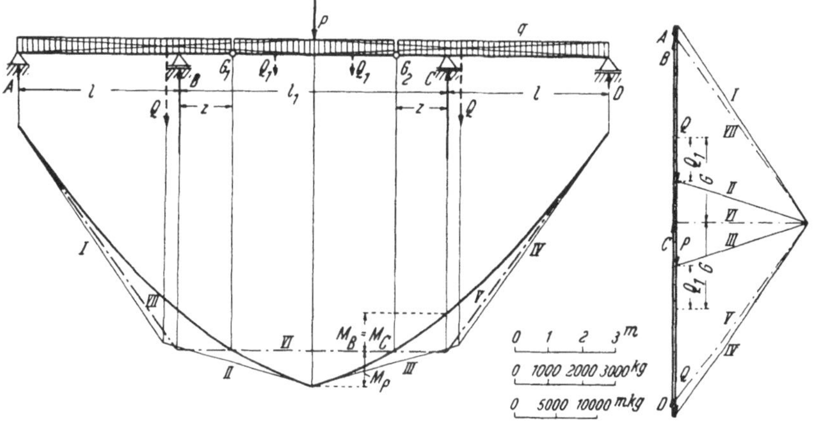

Abb. 219

Das Auflagermoment bei B für den auf die Länge z auskragenden

Träger $A\,B$ beträgt $M_B = -\left(\dfrac{q\,z^2}{2} + G\,z\right)$ oder wegen (a)

$$M_B = -\frac{q}{2}\,[z\,(l + l_1) - z^2],$$

während an der Laststelle P ein Biegungsmoment

$$M_P = G\left(\frac{l_1}{2} - z\right) - \frac{q}{2}\left(\frac{l_1}{2} - z\right)^2 = \frac{q}{2}\left(\frac{l_1}{2} - z\right)\left(l + \frac{l_1}{2} - z\right)$$

entsteht. Die Forderung

$$M_P = |M_B|$$

liefert für z die Gleichung

$$z^2 - z\,(l + l_1) + \frac{l_1}{4}\left(\frac{l_1}{2} + l\right) = 0.$$

Mit $l_1 = 8$ m, $l = 4{,}8$ m folgt hieraus $z = 1{,}567$ m; die zweite Wurzel $z = 11{,}233$ ist unbrauchbar, da $z < l_1$ sein muß. Nach Gl. (a) berechnet sich der Gelenkdruck zu $G = 2\,416$ kg. Die gleichförmige Belastung Q_1 des halben Einhängträgers ist $Q_1 = 2\,433$ kg; aus der mit diesen Werten gezeichneten Schaulinie der Biegungsmomente ergibt sich $-M_B = M_P = 4\,400$ mkg. (Abb. 219).

13. Der Auflagerdruck A und der Gelenkdruck in G_1 sind je gleich der halben Belastung des Schleppträgers, daher ist $A = \dfrac{q}{2}\,(l-a)$ und

$$M_{max} = \frac{q}{8}\,(l-a)^2.$$

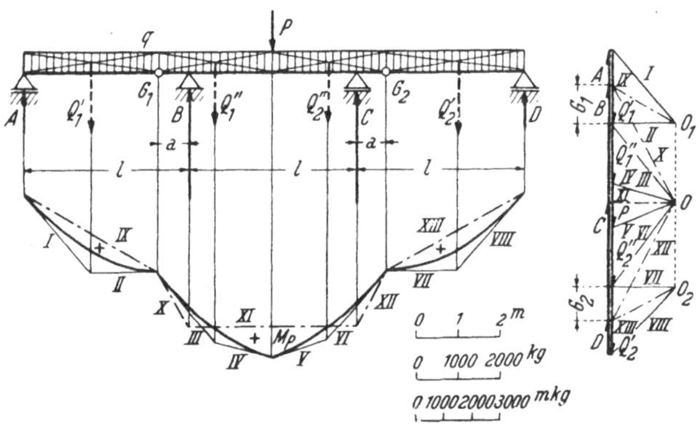

Abb. 220

Da ferner

$$M_B = A\,l - \frac{q\,l^2}{2} = -\frac{q\,a\,l}{2},$$

so ergibt die Bedingung $M_{max} = |M_B|$:

$$a^2 - 6\,a\,l + l^2 = 0$$

mit der Wurzel $a = l\,(3 - 2\sqrt{2})$.

Die zweite Wurzel ist, da sie größer als l ausfällt, nicht brauchbar. Mit $l = 4$ m wird $a = 0{,}686$ m und es ergibt sich mit dieser Lage der Gelenke das Biegemoment an der Stelle P:

$$M_P = 1\,314 \text{ mkg.}$$

Ferner wird

$$A = D = G_1 = G_2 = 829 \text{ kg,}$$
$$B = C = 2\,672 \text{ kg.}$$

14. Zeichne das Seileck $I\ II\ III\ IV$ zu den Lasten P_1, Q und P_2 (Abb. 221); durch die Schlußlinie V im ersten Felde ist η_B bestimmt. Da gefordert wird, daß M_B gleich M_C sei, mache man $\eta_C = \eta_B$, wodurch die Schlußlinien VI und VII im zweiten und dritten Felde und damit auch der Momentennullpunkt im dritten Felde, also die gesuchte Gelenkstelle G_2 bestimmt sind.

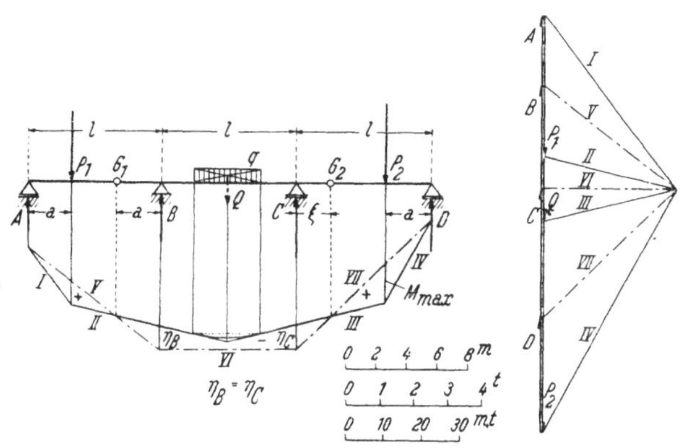

Abb. 221

Kontrolle durch Rechnung: Da $G_1 = \dfrac{P_1}{2}$, so ist $M_B = -\dfrac{P_1\,l}{6}$.

Für den rechten Schleppträger ist $G_2\,(l - \xi) = P_2\,a$, daher

$$G_2 = \frac{P_2\,l}{3\,(l - \xi)} \quad \text{und} \quad M_C = -G_2\,\xi.$$

Aus $M_B = M_C$ folgt dann $\xi = l/4$.

Die Momentenschaulinie liefert

$$+ M_{max} = 10\ \text{mt},$$
$$- M_{max} = 6\ \text{mt}.$$

15. Konstruiere die Mittelkraft R aus P und Q und setze sie mit Benutzung des Verfahrens von Culmann ins Gleichgewicht mit den Kräften S_1, S_2, K (Hilfsgerade s). (Abb. 222).

Das Seileck zu den Kräften P, Q und K_V liefert nach Eintragung der Schlußlinie V die Schaulinie der Biegungsmomente.

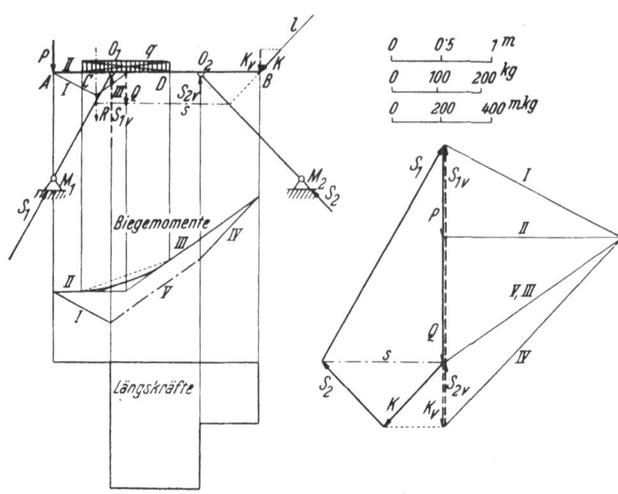

Abb. 222

Aus dieser ergibt sich an der Stützstelle O_1: $M_{max} = 135$ mkg
(133,5 laut Rechnung).   Die größte Längskraft beträgt 270 kg.

16. Zeichne das Seileck *I II III* (Abb. 223) zu den Lasten $-P$ und
$+P$ und lege die Schlußlinien *IV* und *V* so, daß die Biegungsmomente
bei *A, G* und *N* verschwinden; dadurch ist im Kraftplan die vom
Hilfsträger aufzunehmende Last *C* mit 2 750 kg bestimmt.

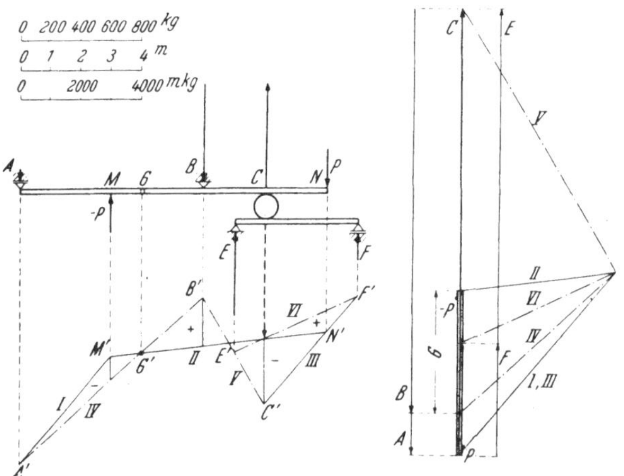

Abb. 223

Das Seileck *III, V* stellt im Verein mit der Schlußlinie *VI* die Schaulinie der Biegungsmomente des Hilfsträgers *E F* dar.   Aus den Schaulinien ergibt sich für den Gerberträger $M_M = -750$ mkg, $M_B =$

$= + 1500$ mkg, $M_C = -2000$ mkg; an der Stelle C des Hilfsträgers ist $M_C = + 2050$ mkg.

17. Auf den mit der waagrechten gleichförmig verteilten Last W_1 belasteten Systemteil D bis C wirken bei Freimachung des Systems der lotrechte Gelenkdruck C und der Gelenkdruck D, dessen Wirkungslinie durch den Schnittpunkt von W_1 und C gehen muß, wodurch C und D im Kraftecke bestimmt sind. Der linke Bogen samt seiner Auskragung bis D ist belastet mit den Kräften W, P und $-D$, die ins Gleichgewicht

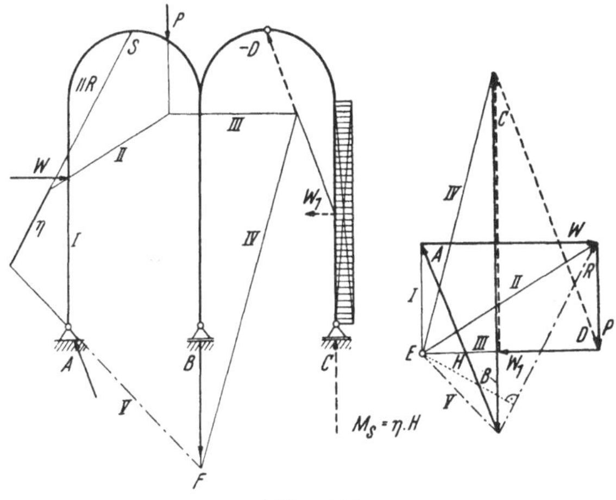

Abb. 224

zu setzen sind mit den Gelenkdrücken B und A. Zeichnet man nach Annahme des Poles E im Kraftecke das Seileck zu den bekannten Kräften W, P, D (Linienzug I, II, III, IV, wobei der erste Seilstrahl I zweckmäßig gleich durch A gelegt wird), bringt den Seilstrahl IV mit der bekannten Wirkungslinie von B zum Schnitte in F und zieht den Seilstrahl $FA = V$, dann ist das Seileck ($I \ldots V$) dieser fünf Kräfte geschlossen, wie es deren Gleichgewicht verlangt. Durch das zugehörige Krafteck sind die Größen von A und B bestimmt.

Das Biegungsmoment für den Scheitel S ist als Moment der beiden links von dieser Schnittstelle wirkenden Kräfte A und W nach Culmann zu konstruieren. Die Mittelkraft R dieser beiden Kräfte ist aus dem Kraftplan zu entnehmen; zieht man daher durch S die Parallele zu R, schneidet diese mit den Seilstrahlen V und II, wobei sich η als Entfernung dieser Schnittpunkte ergibt, so ist $M_S = H \eta$, wenn H den Normalabstand des Poles E von der Kraft R im Kraftplane bedeutet.

18. Die Gesamtlast $5\,q\,a$ steht im Gleichgewicht mit der Stabkraft C des Stützstabes $C\,D$ und mit dem Gelenkdrucke A, dessen Wirkungslinie daher durch den Punkt S gehen muß (Abb. 225); das zugehörige Krafteck liefert die Kräfte A und C mit gleicher waagrechter Komponente H. Das zu den Luftkräften $2\,q\,a$ und $3\,q\,a$ der Holmteile

$B\,F$ und $F\,A$ mit der Polweite H gezeichnete Seileck $I\;II\;III\;IV$ liefert die Schaulinie der Biegungsmomente; der an der Holmstelle F sich ergebende Momentensprung ist bedingt durch die exzentrisch in D

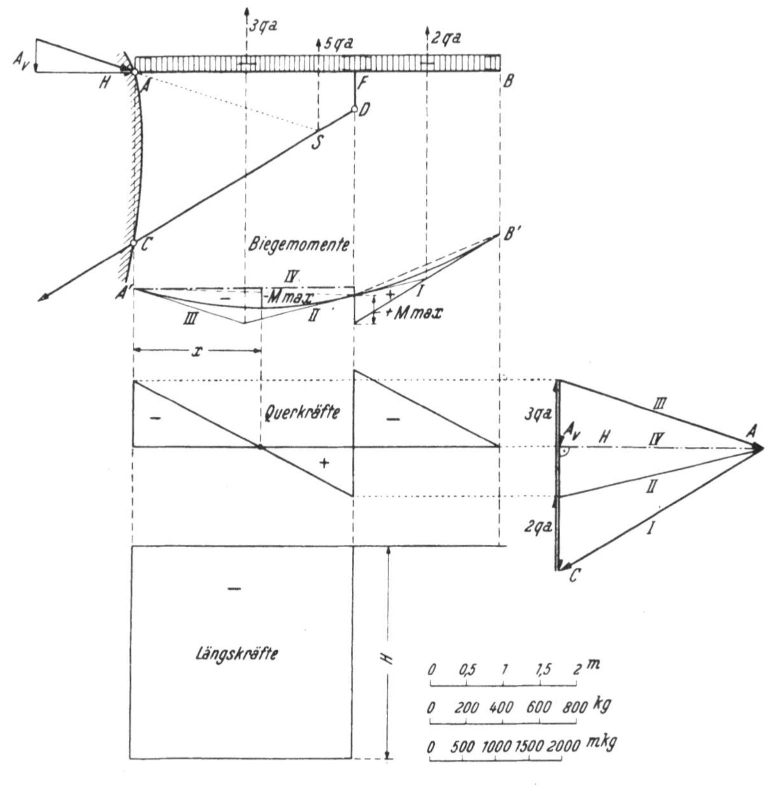

Abb. 225

wirkende Stützkraft und hat den Betrag $H\,a/2$, da $\overline{D\,F} = a/2$ ist. Der Nullstelle im Querkraftdiagramme ($x = 1{,}75$ m) entspricht der Ort des $-M_{max} = 310$ mkg, an der Holmstelle F ergibt sich $+M_{max} = = 400$ mkg.

V. Dreigelenkbogen

1. Bezogen auf das mit dem Koordinatenursprung C gewählte XY-System lautet die Parabelgleichung

$$y^2 = 2\,p\,x;$$

für das Gelenk A ist $\left(\dfrac{l}{2}\right)^2 = 2\,p\,\dfrac{l}{4}$, somit $p = \dfrac{l}{2}$ und $y^2 = l\,x$.

Da die linke Bogenhälfte unbelastet ist, fallen die Wirkungslinien der einander gleichen Gelenkdrücke A und C in die Gerade $A\,C$, wodurch auch die Wirkungslinie von B bestimmt ist. Wird A in A_H und A_V zerlegt, so liefert das Momentengleichgewicht um den Punkt B:

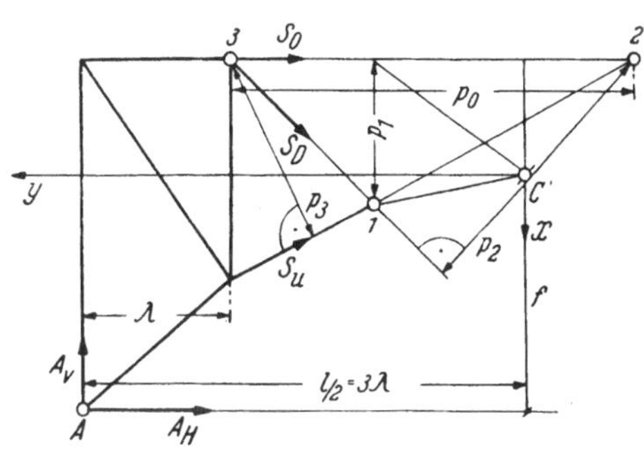

Abb. 226

$$A_V\,l = Q\,\frac{l}{4} \quad \text{oder} \quad A_V = \frac{Q}{4} \quad \text{mit} \quad Q = \frac{q\,l}{2}.$$

Da $A_H = A_V\,\operatorname{ctg}\alpha$ und $\operatorname{tg}\alpha = \dfrac{2\,f}{l} = \dfrac{1}{2}$, so wird $A_H = 2\,A_V = \dfrac{Q}{2}$ und

$$A = \sqrt{A_H^2 + A_V^2} = Q\,\frac{\sqrt{5}}{4}.$$

Das Gleichgewicht der Kräfte, die an dem durch die Stäbe O, D, U gelegten Ritter-Schnitt abgetrennten linken Fachwerkteil wirken, ist dargestellt durch die drei Momentengleichungen

$$S_O\,p_1 + A_V\,2\,\lambda - A_H\,(f - x_1) = 0, \quad \text{(Momentenpunkt 1)}$$

$$S_D\,p_2 + A_H\,\frac{3}{2}\,f - A_V\,(\lambda + p_0) = 0, \quad \text{(Momentenpunkt 2)}$$

$$S_U\,p_3 + A_H\,\frac{3}{2}\,f - A_V\,\lambda = 0; \quad \text{(Momentenpunkt 3)}$$

die Hebelarme p berechnen sich zu

$$p_0 = \frac{17}{6}\,\lambda, \quad p_1 = \frac{11}{18}\,f, \quad p_2 = 1{,}27\,f, \quad p_3 = 0{,}84\,f,$$

womit sich ergibt

$$S_O = \frac{2}{11}\,Q = +0{,}18\,Q,$$

$$S_D = -0{,}087\,Q,$$

$$S_U = -0{,}69\,Q.$$

2. Der Gelenkdruck in C ist parallel zu $A\,B$. Das Gleichgewicht einer Bogenhälfte fordert

$$A_V = q\,l, \quad A_H = C, \quad C\,f = \frac{q\,l^2}{2} \,;$$

an der Stelle y ist das Biegungsmoment $M_x = C\,y - \dfrac{q\,x^2}{2}$ oder wegen $x^2 = (l^2/f)\,y$:

$$M_x = 0.$$

Gelenkdruck

$$A = B = q\,l \sqrt{1 + \left(\frac{l}{2\,f}\right)^2}\,.$$

Bedeutet Q_x die Querkraft, N_x die Normalkraft an der Bogenstelle $P\,(x,\,y)$, so folgt aus dem Gleichgewicht des Bogenteiles $P\,C$

$$Q_x = q\,x \cos\varphi - C \sin\varphi,$$
$$N_x = q\,x \sin\varphi + C \cos\varphi.$$

Da

$$\cos\varphi = \frac{l}{\sqrt{l^2 + 4\,f\,y}}, \quad \sin\varphi = \frac{2\,f\,x}{l\,\sqrt{l^2 + 4\,f\,y}}, \quad \text{so wird} \quad Q_x = 0,$$

$$N_x = \frac{q\,l}{2\,f} \sqrt{l^2 + 4\,f\,y}\,,$$

das heißt die parabolische Bogenachse ist bei gleichmäßig verteilter Vollast *Drucklinie* des Bogens. (Vgl. Aufg. VII, 5 mit $n = -1$.)

Für $y = 0$ wird $N_{x=0} = C$, für $x = l$: $N_{x=l} = A$.

3. Aus den Gleichgewichtsgleichungen für die belastete Bogenhälfte

$$A_V + C \sin\beta - q\,l = 0,$$
$$A_H - C \cos\beta = 0,$$
$$A_H\,f - A_V\,l + \frac{q\,l^2}{2} = 0,$$

worin $\operatorname{tg}\beta = f/l$, folgt

$$C = \frac{q\,l}{4} \sqrt{1 + \left(\frac{l}{f}\right)^2}\,,$$

$$A_V = \frac{3}{4}\,q\,l, \quad A_H = \frac{q\,l^2}{4\,f}\,.$$

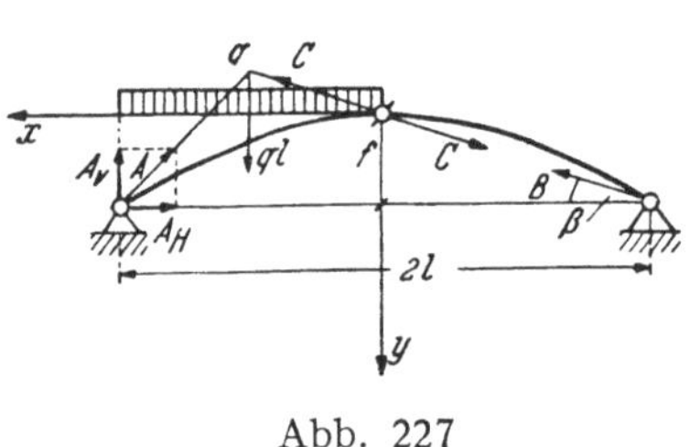

Abb. 227

Hiemit wird das Biegungsmoment an der Bogenstelle $(x,\,y)$ mit $y = f\,x^2/l^2$

$$M_x = C_V\,x + C_H\,y - \frac{q\,x^2}{2} = \frac{q}{4}\,x\,(l - x),$$

somit entsteht M_{max} an der Stelle $x_1 = l/2$ mit $M_{max} = \dfrac{q\,l^2}{16} = 112{,}5$ mkg.

Gelenkdruck

$$A = \frac{q\,l}{4} \sqrt{9 + \left(\frac{l}{f}\right)^2} = 636{,}3\ \text{kg}.$$

4.
$$C = \frac{3}{4}\,q\,l, \quad A = B = \frac{q\,l}{4}\sqrt{13}, \quad \operatorname{tg}\alpha = \frac{2}{3}$$

(a gleich dem Winkel von A mit der Waagrechten)

$$M_D = -\frac{q\,l^2}{32}.$$

5.

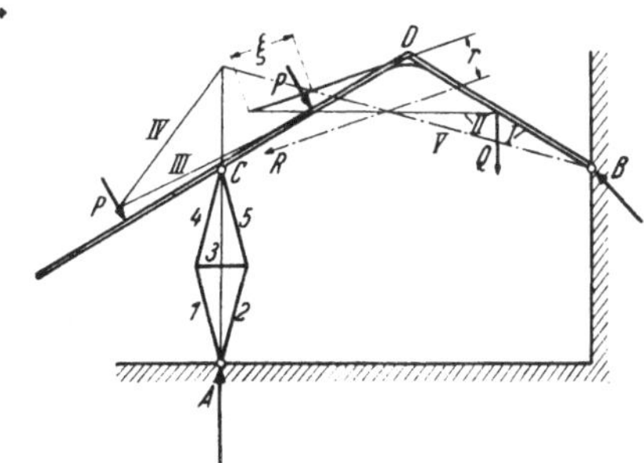
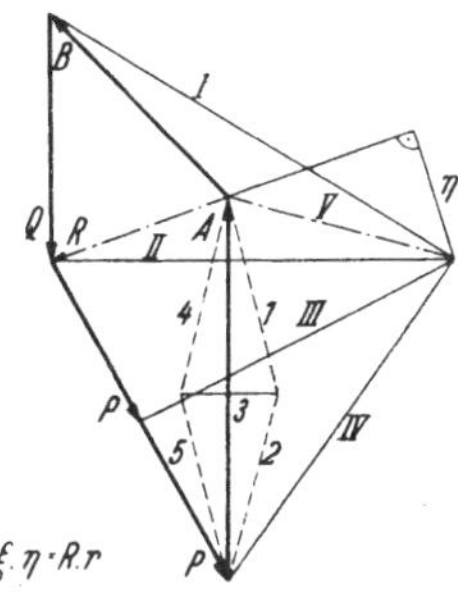

Abb. 228

6.

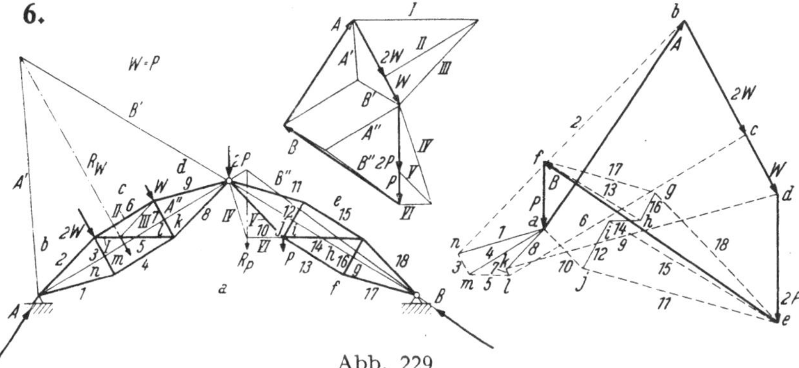

Abb. 229

7.

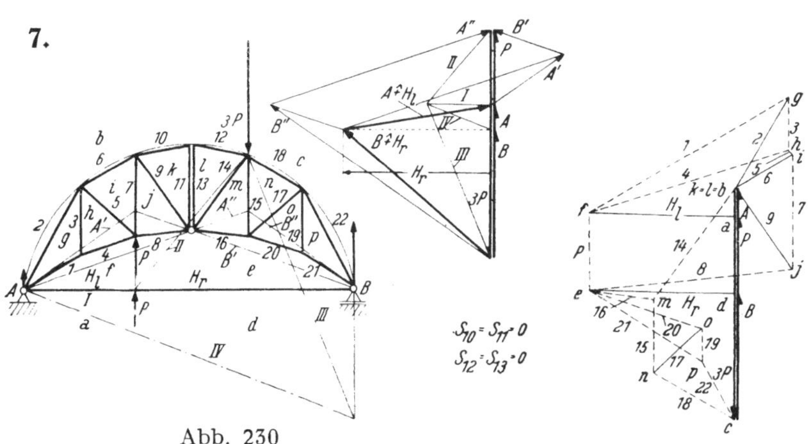

Abb. 230

8.

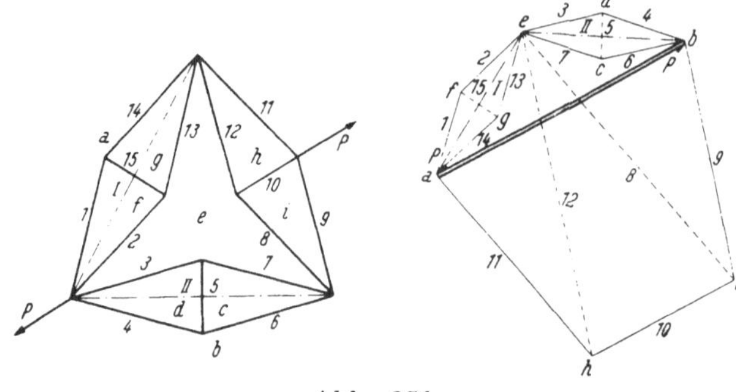

Abb. 231

9. Es liegt ein Dreigelenkrahmen vor mit über das Scheitelgelenk G hinausragenden Teilen, wobei die Festhaltung der Fußgelenke durch die waagrechte Stützebene im Verein mit der Wirkung des Seiles gewährleistet ist. Zerlegt man Q in die Komponenten N und N' senkrecht zu den beiden Balken, so wirken auf den aus dem Verbande gelösten

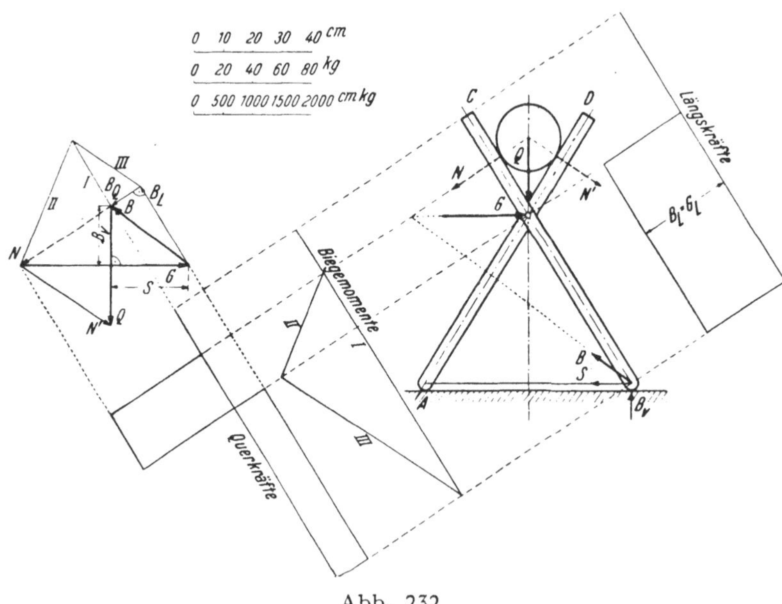

Abb. 232

Balken BC die Kraft N, der Gelenkdruck G mit einer aus Symmetriegründen waagrechten Wirkungslinie und der Stützendruck in B. Ihre Wirkungslinien müssen sich in einem Punkte schneiden, das zugehörige Kraftdreieck liefert die Größe von G und B; die waagrechte Komponente von B ist vom Seile aufzunehmen; es ist $S = 54$ kg. Sind B_L und B_Q die Komponenten von B in Richtung des Stabes BC und senkrecht hiezu, so zeichne man zu den Kräften N und B_Q das Seileck I II III, das mit der Schaulinie der Biegungsmomente des Balkens $B\,C$ übereinstimmt. Das größte Biegungsmoment tritt an der Gelenkstelle G auf und hat laut Zeichnung den Wert 1 550 cmkg. (Abb. 232).

Die Kontrolle durch Rechnung ergibt $M_{max} = 1\,571$ cmkg, denn es ist $M_G = N\,a\cos\alpha$, wo $2\,\alpha$ den Winkel zwischen beiden Stäben bedeutet; ferner $N = \dfrac{Q}{2\sin\alpha}$, so daß $M_G = \dfrac{Q\,a}{2}\,\text{ctg}\,\alpha$, woraus sich mit

$Q = 80$ kg, $a = 25$ cm, $\text{ctg}\,\alpha = \dfrac{b}{l} = \dfrac{11}{7}$ obiger Wert ergibt.

Während bei einem Gerberträger die Biegewirkung eines Trägers durch ein Gelenk (mit verschwindendem Biegungsmoment) an den benachbarten Träger weitergeleitet wird, hat hier der Balken $B\,C$ bei G das größte Biegungsmoment voll aufzunehmen, das nicht in den gelenkig mit ihm verbundenen Balken $A\,D$ fortgeleitet wird; letzterer hat im Querschnitte bei G ein gleich großes Biegungsmoment mit entgegengesetztem Vorzeichen aufzunehmen.

10. Für den Dreigelenkrahmen 01234 ermittelt man graphisch die Gelenkdrücke $G_0\,G_2\,G_4$ durch Überlagerung der beiden Lastzustände,

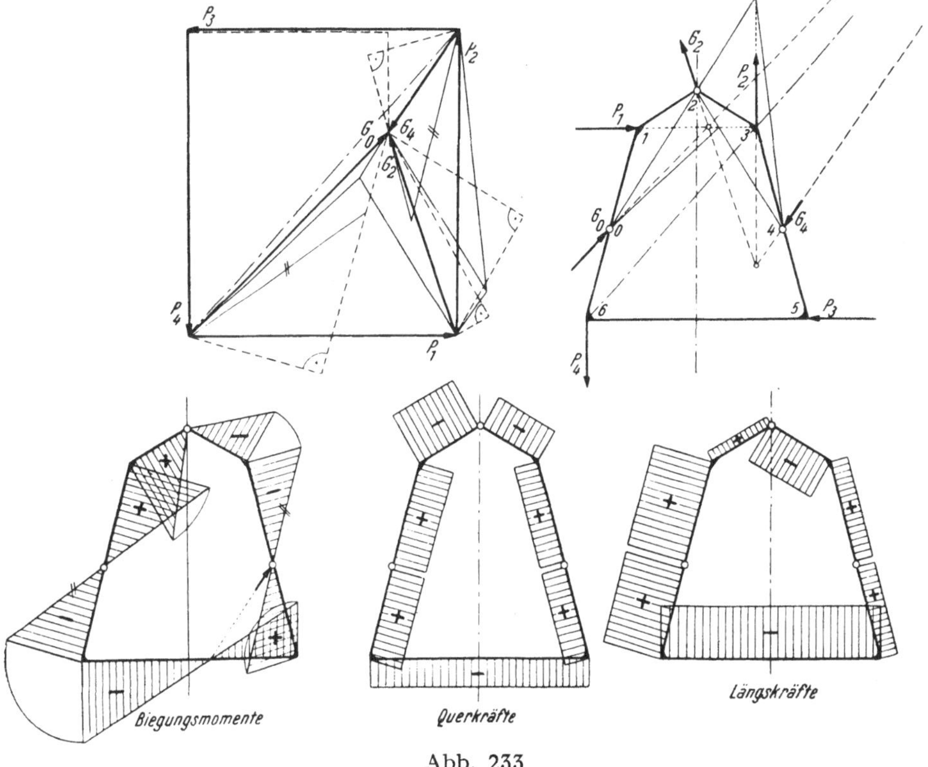

Abb. 233

die dem zunächst nur mit P_1, dann nur mit P_2 belasteten Rahmen entsprechen. (Abb. 233). Von den jeweils paarweise entgegengesetzt gleichen Gelenkkräften ist stets nur jene in der Zeichnung eingetragen, welche auf den bei der Linksumfahrung des Rahmens dem Gelenk folgenden Stabteil wirkt.

Die Zerlegung der Gelenkkraft G_2 im Scheitelgelenk in die Richtung des Stabes 1 2 und senkrecht hiezu gibt die Längs- und Querkraft dieses Stabes, die in der Schaulinie in einem gegenüber dem Kraftplane auf ein Viertel verjüngten Maßstabe aufgetragen sind. Die Vereinigung von G_2 mit dem in der Ecke 1 hinzutretenden P_1 gibt die Kraft G_0; ihre Zerlegung in die Richtung 01 und senkrecht hiezu ergibt Längs- und Querkraft des Stabes 01; so fortfahrend lassen sich beide Schaulinien für den ganzen Rahmen konstruieren. Mit der Kenntnis der Querkräfte ist auch der Verlauf der Biegungsmomente bestimmt; da P_3 zu den Momenten des Stabes 5 6 nichts beiträgt, so muß der Nullpunkt der Schaulinie der Biegungsmomente dieses Stabes in den Schnittpunkt von G_4 mit 5 6 fallen.

11. Da die gegenseitige Bewegung der Stützstäbe 1, 2 in einer Drehung um ihren Schnittpunkt G_2 besteht, ebenso jene der Stützstäbe 3, 4 in einer Drehung um G_1, so kann das Gesamtsystem aufgefaßt werden als ein System mit zwei *imaginären* Gelenken $G_1 G_2$ und einem reellen

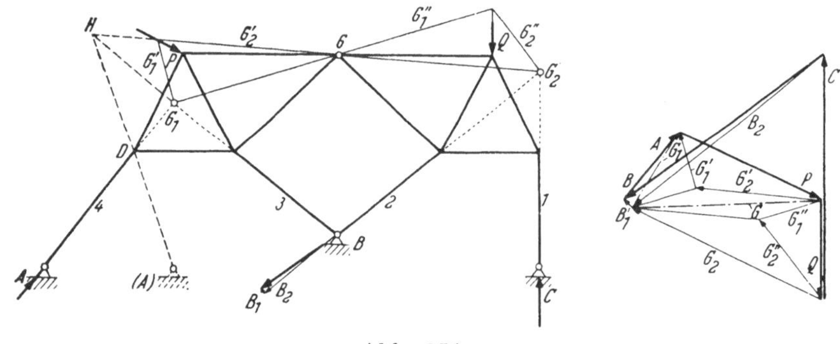

Abb. 234

Gelenk G. Konstruiert man hiefür die Gelenkdrücke $G_1' G_2'$ bei alleiniger Wirkung von P, sodann $G_1'' G_2''$ bei alleiniger Wirkung von Q, so liefert deren geometrische Addition die resultierenden Gelenkdrücke $G_1 G_2$ und G. Die Zerlegung von G_1 in die Richtungen 4, 3 ergibt A und B_1, jene von G_2 nach den Richtungen 1, 2 liefert C und B_2, so daß mit $A, C, B = B_1 \stackrel{\wedge}{+} B_2$ die Drücke in A, B, C bestimmt sind. (Abb. 234).

VI. Raumkraftsystem

1. a) Seien $\mathfrak{P}_\varkappa$ ($\varkappa = 1, 2 \ldots n$) die n gegebenen Kräfte, deren Angriffspunkte $A_\varkappa$ durch die auf den willkürlichen Aufpunkt O bezogenen Ortsvektoren $\mathfrak{a}_\varkappa$ festgelegt sind, so liefert die Reduktion aller Kräfte nach O den Kraftvektor

$$\mathfrak{R} = \sum_1^n \mathfrak{P}_\varkappa \, ,$$

und den Momentenvektor

$$\mathfrak{M}_0 = \sum_1^n \mathfrak{a}_\varkappa \times \mathfrak{P}_\varkappa \, .$$

Von der Wahl des Bezugspunktes O sind unabhängig $\mathfrak{R}$ und $\mathfrak{R}.\mathfrak{M}_0$ (Invarianten des Raumkraftsystems).

Die durch die Spitze A^* des Vektors

$$\overrightarrow{O A^*} = \mathfrak{a}^* = \frac{\mathfrak{R} \times \mathfrak{M}_0}{|\mathfrak{R}|^2}$$

zu $\mathfrak{R}$ gezogene Parallele ist die Zentralachse des Raumkraftsystems (Achse der Dyname oder Kraftschraube), für welche $\mathfrak{R} \parallel \mathfrak{M}_{A^*}$ wird.

A^* ist daher der Fußpunkt des Lotes von O auf die Zentralachse.

Für die Zentralachse ergibt sich das kleinste Reduktionsmoment mit dem Betrage

$$M = \frac{\mathfrak{R} \cdot \mathfrak{M}_0}{|\mathfrak{R}|} \, .$$

b) Für ein gegebenes Kraftkreuz $\mathfrak{P}_1$, $\mathfrak{P}_2$ schneidet die Zentralachse den kürzesten Abstand p der beiden windschiefen Kräfte im Punkte A^*, der die Strecke p im Verhältnisse $p_1 : p_2 = \operatorname{tg} \alpha_1 : \operatorname{tg} \alpha_2$ teilt ($p = p_1 + p_2$), wo α_1, α_2 die Winkel von $\mathfrak{P}_1$ und $\mathfrak{P}_2$ mit $\mathfrak{R}$ bedeuten. Das Dynamenmoment beträgt mit $\alpha = \alpha_1 + \alpha_2$

$$M = \frac{P_1 P_2 p \sin \alpha}{R}$$

und es ist $p_1 \operatorname{tg} \alpha_2 = p_2 \operatorname{tg} \alpha_1 = M/R = $ Parameter der Dyname.

c) Konstruktion der Dyname und der Zentralachse aus $\mathfrak{R}$ und $\mathfrak{M}_0$.

Zerlegt man den Vektor $\mathfrak{M}_0$ parallel und normal zu $\mathfrak{R}$ in die Komponenten M_R und M_n, so ist $M_R = M$ das Moment der Dyname, während M_n eine Parallelverschiebung des Vektors $\mathfrak{R}$ aus dem Reduktionspunkte O in die Zentralachse bewirkt.

Die tatsächliche Durchführung dieser Konstruktion wird recht einfach bei Benützung des Abbildungsverfahrens von Mayor und v. Mises.[1]

---

[1] Mises, R. von: Zeitschr. f. Math. und Physik, 1916.

Sind R und M_0 die Bilder der gegebenen Vektoren $\mathfrak{R}$, $\mathfrak{M}_0$ in der Grundrißebene, in der O den Reduktionspunkt bedeutet und ist c als beliebig gewählte Länge die Abbildungskonstante, so fallen wegen $\mathfrak{M}_R \parallel \mathfrak{R}$ die Bilder M_R und R in dieselbe Gerade, während das Bild M_n

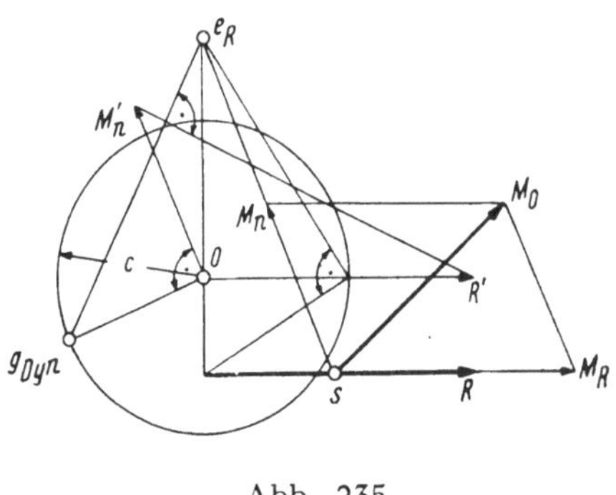

Abb. 235

sowohl durch den Schnittpunkt s der Bilder M_O und M_R als auch durch den Antipol e_R des Bildes R bezüglich des um O geschlagenen Kreises vom Halbmesser c führen muß. (Abb. 235).

Da M gleich ist der geometrischen Summe von M_R und M_n, so liefert die Zerlegung von M nach den Richtungen R und $s\,e_R$ das Dynamenmoment M_R und das Moment M_n; letzteres bewirkt die Parallelverschiebung von $\mathfrak{R}$ in die Zentralachse, die die Bildebene in einem Punkte g_{Dyn} durchstößt, welcher auf der durch O gezogenen Normalen zu M_n liegen muß, und zwar in ihrem Schnitte mit der durch e_R zur Verbindungslinie der Punkte R', M_n' gezogenen Normalen.

2. Man wählt einen beliebigen Reduktionspunkt O und eine diesen Punkt nicht enthaltende Hilfsebene ε. Eine durch O und durch $\mathfrak{P}_\varkappa$ gelegte Ebene schneidet ε in der Geraden $l_\varkappa$; der im Durchstoßpunkt $D_\varkappa$ von $\mathfrak{P}_\varkappa$ mit ε angesetzte Kraftvektor $\mathfrak{P}_\varkappa$ wird zerlegt in die Kräfte $\mathfrak{P}_{\varkappa,O}$ und $\mathfrak{P}_{\varkappa,\varepsilon}$ mit den Wirkungslinien $D_\varkappa O$ und $l_\varkappa$.

Dieser Vorgang liefert nach Anwendung auf alle n Kräfte ein räumliches Kraftbüschel aller $\mathfrak{P}_{\varkappa,O}$ mit dem Mittelpunkte O und ein ebenes Kraftsystem aller $\mathfrak{P}_{\varkappa,\varepsilon}$ in der Ebene ε; es sind somit die beiden sich kreuzenden Kräfte

$$\mathfrak{R}_O = \sum_1^n{}' \mathfrak{P}_{\varkappa,O} \qquad \text{angreifend in } O$$

$$\text{und } \mathfrak{R}_\varepsilon = \sum_1^n{}' \mathfrak{P}_{\varkappa,\varepsilon} \qquad \text{in der Ebene } \varepsilon$$

gleichwertig mit dem gegebenen Raumkraftsystem.

Die Wirkungslinien von $\mathfrak{R}_O$ und $\mathfrak{R}_\varepsilon$ sind zwei konjugierte Gerade des gegebenen Raumkraftsystems. Bei der graphischen Ermittlung von $\mathfrak{R}_O$ und $\mathfrak{R}_\varepsilon$ empfiehlt es sich, die Hilfsebene ε als Grundrißebene, den Punkt O auf einer Normalen hiezu unendlich fern zu wählen. Die Kräfte $\mathfrak{P}_{\varkappa,O}$ bilden dann ein räumliches Parallelkraftsystem, dessen Mittelkraft $\mathfrak{R}_O$ im Aufrisse und Seitenrisse mit Kraft- und Seileck zu bestimmen ist; auch die Resultierende $\mathfrak{R}_\varepsilon$ des in der Grundrißebene wirkenden ebenen Kraftsystems der $\mathfrak{P}_{\varkappa,\,\varepsilon}$ ist mit Kraft- und Seileck zu konstruieren. Die Kräfte $\mathfrak{R}_O$, $\mathfrak{R}_\varepsilon$ dieses Kraftkreuzes stehen aufeinander senkrecht (orthogonale Dyade), ihr kürzester Abstand p ist im Grundriß unmittelbar aus der Entfernung des Durchstoßpunktes der Kraft $\mathfrak{R}_O$ mit der Grundrißebene von der Wirkungslinie $\mathfrak{R}_\varepsilon$ zu entnehmen.

3. a) Seien $\mathfrak{e}_1$, $\mathfrak{e}_2$ Einheitsvektoren in den Richtungen der Kräfte $\mathfrak{P}_1$, $\mathfrak{P}_2$ des äquivalenten Kraftkreuzes, wobei die Wirkungslinie von $\mathfrak{P}_1$ in g_1 falle und ist $\mathfrak{a}_2$ der Ortsvektor eines Punktes A_2 der konjugierten Geraden g_2, so gelten die Gl.

$$\mathfrak{R} = \mathfrak{P}_1 + \mathfrak{P}_2,$$
$$\mathfrak{M} = \mathfrak{a}_1 \times \mathfrak{P}_1 + \mathfrak{a}_2 \times \mathfrak{P}_2,$$

oder wegen $\mathfrak{P}_1 = \mathfrak{e}_1\, P_1$, $\mathfrak{P}_2 = \mathfrak{R} - \mathfrak{P}_1$:

$$\mathfrak{M} = P_1\,(\mathfrak{a}_1 \times \mathfrak{e}_1) + \mathfrak{a}_2 \times (\mathfrak{R} - P_1\,\mathfrak{e}_1). \tag{a}$$

Läßt man A_2 mit dem Fußpunkt der Normalen aus O zu g_2 zusammenfallen, womit $\mathfrak{a}_2.\mathfrak{P}_2 = 0$ wird und multipliziert Gl. (a) auf innere Art mit $\mathfrak{R} - P_1\,\mathfrak{e}_1$, so entsteht, da für zwei beliebige Vektoren $\mathfrak{x}$, $\mathfrak{y}$

$$(\mathfrak{x} \times \mathfrak{y}) \cdot \mathfrak{y} = 0$$

ist, die Gleichung

$$\mathfrak{M} \cdot (\mathfrak{R} - P_1\,\mathfrak{e}_1) = P_1\,(\mathfrak{a}_1 \times \mathfrak{e}_1) \cdot \mathfrak{R},$$

woraus

$$P_1 = \frac{\mathfrak{M} \cdot \mathfrak{R}}{(\mathfrak{a}_1 \times \mathfrak{e}_1) \cdot \mathfrak{R} + \mathfrak{M} \cdot \mathfrak{e}_1}.$$

Mit P_1 ist $\mathfrak{P}_2 = \mathfrak{R} - P_1\,\mathfrak{e}_1$ bekannt und daher auch die Richtung der konjugierten Geraden g_2.

Aus

$$\mathfrak{a}_2 \times \mathfrak{P}_2 = \mathfrak{M} - \mathfrak{a}_1 \times \mathfrak{P}_1$$

folgt

$$\mathfrak{P}_2 \times (\mathfrak{a}_2 \times \mathfrak{P}_2) = \mathfrak{P}_2 \times (\mathfrak{M} - \mathfrak{a}_1 \times \mathfrak{P}_1)\,;$$

da aber $\mathfrak{P}_2 \times (\mathfrak{a}_2 \times \mathfrak{P}_2) = P_2{}^2\,\mathfrak{a}_2 - \mathfrak{P}_2\,(\mathfrak{P}_2 \cdot \mathfrak{a}_2)$ oder wegen $\mathfrak{P}_2 \cdot \mathfrak{a}_2 = 0$

$$\mathfrak{P}_2 \times (\mathfrak{a}_2 \times \mathfrak{P}_2) = P_2{}^2\,\mathfrak{a}_2,$$

so ergibt sich

$$\mathfrak{a}_2 = \frac{\mathfrak{P}_2 \times (\mathfrak{M} - \mathfrak{a}_1 \times \mathfrak{P}_1)}{P_2{}^2},$$

womit auch die Lage der konjugierten Geraden g_2 festgelegt ist.

b) Rechnerisch-graphische Lösung.

Man bestimmt den kürzesten Abstand p_1 der Geraden $\mathfrak{R}$ und g_1, die den gegebenen Winkel α_1 einschließen.

Man hat nun aus den gegebenen Werten R, M, p_1 und α_1 die kürzeste Entfernung p_2 der konjugierten Geraden g_2 und der Wirkungslinie von $\mathfrak{R}$ zu berechnen sowie den von diesen Geraden eingeschlossenen Winkel α_2.

Hiefür ergibt sich nach Aufg. VI (1 b):

$$p_2 = \frac{M}{R}\,\operatorname{ctg}\alpha_1 \quad \text{und} \quad \operatorname{tg}\alpha_2 = \frac{M}{R\,p_1}.$$

4. Mit den orthogonalen Einheitsvektoren $\mathfrak{i}$, $\mathfrak{j}$, $\mathfrak{k}$ ergibt sich

$$\frac{\mathfrak{R}}{P_1} = -\left(\mathfrak{j} + 2\,\frac{h}{a}\,\mathfrak{k}\right),$$

wonach

$$\frac{|\mathfrak{R}|}{P_1} = \sqrt{1 + \frac{4\,h^2}{a^2}}$$

und das Reduktionsmoment $\mathfrak{M}_0 = -\mathfrak{k}\,a\,P_1 + \mathfrak{s} \times \mathfrak{P}$ mit $\mathfrak{s}$ als Ortsvektor der Spitze S.

$$\text{Wegen} \qquad \mathfrak{s} = \left\{\begin{array}{c} \dfrac{a}{2} \\[2mm] \dfrac{a}{2} \\[2mm] h \end{array}\right. \qquad \text{und} \qquad \frac{\mathfrak{P}}{P_1}\,a = \left\{\begin{array}{c} \dfrac{a}{2} \\[2mm] -\dfrac{a}{2} \\[2mm] -h \end{array}\right.$$

wird $\dfrac{\mathfrak{M}_0}{P_1} = \mathfrak{j}\,h - \mathfrak{k}\,\dfrac{3}{2}\,a$ und hiemit das Moment der Dyname

$$M_D = \frac{\mathfrak{R}\cdot\mathfrak{M}_0}{R} = P_1\,\frac{h\,a}{\sqrt{h^2 + \dfrac{a^2}{4}}}.$$

Der Punkt A^* der Zentralachse ist festgelegt durch

$$\mathfrak{a}^* = \frac{\mathfrak{R}\times\mathfrak{M}_0}{R^2} = -\mathfrak{i}\,\frac{a}{2}\left(1 + \frac{2\,a^2}{a^2 + 4\,h^2}\right).$$

5. Mit den Einheitsvektoren $\mathfrak{i}$, $\mathfrak{j}$, $\mathfrak{k}$ für die x, y, z-Richtungen und mit P als Kraftstrecke von der Länge a ergibt sich $\mathfrak{R} = P\,(-\mathfrak{i} + \mathfrak{j})$, $R = P\,\sqrt{2}$ und bezogen auf den in den Schnittpunkt von $\mathfrak{P}_2$ und $\mathfrak{P}_3$ gelegten Reduktionspunkt O

$$\mathfrak{M}_0 = P\,a\,(\mathfrak{i} + \mathfrak{k});$$

hiemit wird das Moment der Dyname

$$M = \frac{\mathfrak{R}\cdot\mathfrak{M}_0}{R} = -\frac{P\,a}{\sqrt{2}}.$$

Der Punkt A^* der Zentralachse besitzt den Ortsvektor

$$\overrightarrow{O\,A^*} = \frac{\mathfrak{R}\times\mathfrak{M}_0}{R^2} = \frac{a}{2}\,(\mathfrak{i} + \mathfrak{j} - \mathfrak{k});$$

die Zentralachse geht daher durch die Mitte H von $\mathfrak{P}_2$.

6. Sind Q_1, Q_2 die beiden zu bestimmenden parallelen Kräfte, so ist

$$\mathfrak{R} = \mathfrak{i}\,(Q_1 + Q_2) + \mathfrak{j}\,P + \mathfrak{k}\,P,$$
$$\mathfrak{M}_0 = \mathfrak{i}\,a \times \mathfrak{j}\,P + \mathfrak{k}\,a \times \mathfrak{i}\,Q_1 + \mathfrak{j}\,a \times \mathfrak{i}\,Q_2$$

oder wegen $i \times j = k$ und $k \times i = j$

$$\mathfrak{M}_0 = j\, a\, Q_1 + k\, a\, (P - Q_2).$$

Damit sich die Dyname auf eine Einzelkraft reduziere, muß $\mathfrak{R} \cdot \mathfrak{M}_0 = 0$ sein. Dies liefert die Bedingung $Q_2 = Q_1 + P$, wobei Q_1 in $A\,B$ willkürlich gewählt werden kann.

Die Resultierende der vier Kräfte geht durch den Würfelmittelpunkt und ist bestimmt durch

$$\mathfrak{R} = i\, 2\, Q_1 + (i + j + k)\, P.$$

7. Schnurspannkraft: $\quad S = \dfrac{Q}{3\sqrt{6}} = \dfrac{S_1}{3},$

Stabspannkraft: $\quad S_1 = \dfrac{Q}{\sqrt{6}}.$

8. Die Gleichgewichtsgleichungen der Kräfte am freigemachten Stabe sind

$$\mathfrak{W} + \mathfrak{G} + \mathfrak{A} + \mathfrak{Q} = 0 \tag{a}$$

$$\mathfrak{l} \times \left(\frac{\mathfrak{G}}{2} + \mathfrak{A} + \mathfrak{Q} \right) = 0. \tag{b}$$

In den Richtungen x, y, z ergeben sich folgende Kraftkomponenten

$$\mathfrak{G} = \begin{cases} 0 \\ 0 \\ -G, \end{cases} \quad \mathfrak{A} = \begin{cases} -A \\ 0 \\ 0, \end{cases} \quad \mathfrak{Q} = \begin{cases} 0 \\ -Q\sin\psi \\ Q\cos\psi. \end{cases}$$

Damit liefert Gl. (a) für den Gelenkdruck $\mathfrak{W}$ die Komponenten

$$\mathfrak{W} = \begin{cases} A \\ Q\sin\psi \\ G - Q\cos\psi. \end{cases}$$

Da der Ortsvektor $\mathfrak{l}$ des Stützpunktes A die Teile $\begin{cases} c \\ r\sin\varphi \\ r\cos\varphi \end{cases}$ hat,

so folgen hiemit aus (b) die Gl.

$$G\sin\varphi = 2\,Q\sin(\varphi + \psi), \tag{c}$$

$$G\,c - 2\,A\,r\cos\varphi - 2\,Q\,c\cos\psi = 0. \tag{d}$$

Ferner ergibt das Dreieck $O_1\,A\,R$:

$$\sin\psi = \frac{r}{h}\sin(\varphi + \psi),$$

oder wegen Gl. (c)

$$\sin\psi = \frac{r}{h}\,\frac{G}{2\,Q}\sin\varphi,$$

woraus

$$\cos\varphi = \frac{h}{2\,r}\left(1 + \frac{r^2}{h^2} - \frac{4\,Q^2}{G^2} \right);$$

schließlich folgt aus Gl. (d)

$$A = \frac{c}{r \cos\varphi}\left(\frac{G}{2} - Q \cos\psi\right)$$

oder

$$A = \frac{c}{r \cos\varphi}\left[\frac{G}{2} - Q \sqrt{1 - \left(\frac{G\, r \sin\varphi}{2\, Q\, h}\right)^2}\right].$$

9. Da $\mathfrak{R} = \mathfrak{P} + \mathfrak{Q}$, so wird $|\mathfrak{R}| = \sqrt{29}$ kg.

Mit $\mathfrak{q}$ als Ortsvektor eines Punktes der Wirkungslinie von $\mathfrak{Q}$ ergibt sich das Moment der Dyname $\mathfrak{M}_D = -\mathfrak{d} \times \mathfrak{P} + \mathfrak{M}_0 + (\mathfrak{q} - \mathfrak{d}) \times \mathfrak{Q}$.

Wegen

$$\mathfrak{M}_D \parallel \mathfrak{R} \quad \text{kann} \quad \mathfrak{M}_D = c\,\mathfrak{R} \tag{a}$$

gesetzt werden, wo c eine noch zu bestimmende Länge bedeutet. Verlegt man den Angriffspunkt der Kraft $\mathfrak{Q}$ in ihren Durchstoßpunkt mit der x, y-Ebene, so daß x, y, 0 die Komponenten von $\mathfrak{q}$ sind, so liefert (a) die drei Gleichungen

$$12 - 3\,y + 3\,c = 0,$$
$$2 + 3\,x + 2\,c = 0,$$
$$-13 + 3\,y + 4\,c = 0,$$

woraus folgt:

$$x = -\frac{16}{21}\,\text{cm}, \qquad y = \frac{87}{21}\,\text{cm}, \qquad c = \frac{1}{7}\,\text{cm}.$$

Demnach ist das Dynamenmoment gleich $\dfrac{\sqrt{29}}{7}$ kgcm.

10. Druckkraft im Stabe $C\,E$:

$$S = G\,\frac{\sqrt{3}}{6} = 3\,\sqrt{3}\,\text{kg}.$$

Die Komponenten des Druckes in A sind

$$A_x = \frac{G}{12}\,\sqrt{3} = \frac{3}{2}\,\sqrt{3}\,\text{kg},$$

$$A_y = \frac{G}{4} = 4{,}5\,\text{kg}.$$

Der Druck in B ist lotrecht und beträgt $G/2 = 9$ kg.

11. Die Gleichgewichtsgleichungen für das räumliche Kraftsystem $\mathfrak{A}$, $\mathfrak{B}$, $\mathfrak{G}$ und $\mathfrak{P}$ sind

$$\mathfrak{G} + \mathfrak{A} + \mathfrak{B} + \mathfrak{P} = 0. \tag{a}$$

$$\mathfrak{a} \times \mathfrak{A} + \mathfrak{s} \times \mathfrak{G} + \mathfrak{d} \times \mathfrak{P} = 0, \tag{b}$$

wo $\mathfrak{a}, \mathfrak{s}, \mathfrak{d}$ die Ortsvektoren der Angriffspunkte A, S, D bezüglich B sind. Ihre Zerlegung in die Richtungen des x, y, z-Systems (positive x-Richtung von $A \to B$, y-Achse in der waagrechten Ebene, z-Achse gegen die Lotrechte unter β geneigt) gibt

$$\mathfrak{a} = \left\{ \begin{array}{l} -a \\ 0, \\ 0 \end{array} \right. \qquad \mathfrak{s} = \left\{ \begin{array}{l} -\dfrac{a}{2} \\ \dfrac{b}{2}\cos\alpha \\ \dfrac{b}{2}\sin\alpha, \end{array} \right. \qquad \mathfrak{d} = \left\{ \begin{array}{l} 0 \\ b\cos\alpha, \\ b\sin\alpha \end{array} \right.$$

$$\mathfrak{A} = \left\{ \begin{array}{l} 0 \\ A_y, \\ A_z \end{array} \right. \qquad \mathfrak{G} = \left\{ \begin{array}{l} G\sin\beta \\ 0 \\ -G\cos\beta \end{array} \right. , \qquad \mathfrak{P} = \left\{ \begin{array}{l} P_x \\ P_y, \\ P_z \end{array} \right. \qquad \mathfrak{B} = \left\{ \begin{array}{l} 0 \\ B_y ; \\ B_z \end{array} \right.$$

da $\mathfrak{P}$ in der Normalebene zur Platte wirken soll, ist $P_y = -P_z\,\mathrm{tg}\,\alpha$.

Hiemit liefern die Gl. (a) und (b)

$$P_x = -G\sin\beta, \qquad\qquad A_y = \frac{G}{2}\frac{b}{a}\cos\alpha\sin\beta,$$

$$P_y = -\frac{G}{2}\sin\alpha\cos\alpha\cos\beta, \qquad A_z = \frac{G}{2}\left(\cos\beta + \frac{b}{a}\sin\alpha\sin\beta\right),$$

$$P_z = \frac{G}{2}\cos^2\alpha\cos\beta, \qquad\qquad B_y = \frac{G}{2}\cos\alpha\left(\sin\alpha\cos\beta - \frac{b}{a}\sin\beta\right),$$

$$B_z = \frac{G}{2}\sin\alpha\left(\sin\alpha\cos\beta - \frac{b}{a}\sin\beta\right).$$

12. Die Wirkungslinie der an der Berührungsstelle E auftretenden entgegengesetzt gleichen Druckkräfte $\pm\,\mathfrak{D}_E$ ist die Normale der Ebene $A\,B\,E$. An dem freigemachten Stab $A\,C$ wirken die drei Kräfte $\mathfrak{A}$, $\mathfrak{D}_E$, $\mathfrak{P}$, die sich im Gleichgewichtsfalle in einem Punkte schneiden, der wegen $\mathfrak{D}_E\,\|\,\varepsilon$ in den Durchstoßpunkt von $\mathfrak{D}_E$ mit der durch C gelegten Parallelebene zu ε fallen muß.

Da $|\mathfrak{P}|$ gegeben, so läßt sich das Kraftdreieck zeichnen, womit $\mathfrak{A}$ und $\mathfrak{D}_E$ bestimmt sind.

Der Stab $B\,D$ steht unter dem Einfluß der Kräfte $\mathfrak{B}$, $-\mathfrak{D}_E$ und $\mathfrak{Q}$, von denen $\mathfrak{D}_E$ bereits bekannt und $\mathfrak{Q}\,\|\,\varepsilon$ sein soll. Damit ergeben sich wie vorher die Kräfte $\mathfrak{B}$ und $\mathfrak{Q}$.

Für die Durchführung aller hiezu erforderlichen Konstruktionen empfiehlt sich bei ganz allgemeiner Lage der Stäbe und der Ebene ε das Abbildungsverfahren von Mayor — v. Mises.

13. Aus der Momentengleichung für einen lotrechten Stützstab ergibt sich die waagrechte Komponente S_h der Zugkraft S in einem Schrägstabe zu $S_h = M/h$ mit h als Höhe des gleichseitigen Dreieckes $A\,B\,C$. Damit berechnet sich die lotrechte Komponente S_v von S zu

$$S_v = S_h\frac{l}{a} = \frac{2\,M\,l}{a^2\sqrt{3}}.$$

Da aber durch das Gewicht G in jedem lotrechten Stützstabe eine Druckkraft $G/3$ geweckt wird, so lautet die Bedingung der Spannungslosigkeit
der lotrechten Stäbe

$$S_v = \frac{G}{3}.$$

woraus

$$M = \frac{G\,a^2\,\sqrt{3}}{6\,l}$$

folgt.

Die Spannkräfte in den Schrägstäben sind einander gleich und zwar

$$S = \sqrt{S_h{}^2 + S_v{}^2} = \frac{G}{3}\sqrt{1 + \frac{a^2}{l^2}}.$$

VII. Seil- und Kettenlinien

1. Aus $\dfrac{d^2y}{dx^2} = -\dfrac{q}{H}$ folgt, da q konstant ist,

$$\frac{dy}{dx} = -\frac{q}{H}\,x + C_1,$$

$$y = -\frac{q}{2\,H}\,x^2 + C_1\,x + C_2;$$

mit den Randbedingungen

$$y = 0 \ \text{für} \ x = 0,$$
$$y = h \ \text{für} \ x = l,$$

wird $C_2 = 0$, $C_1 = \dfrac{h}{l} + \dfrac{q\,l}{2\,H}$, somit $y = \dfrac{q}{2\,H}\,x\,(l - x) + \dfrac{h}{l}\,x$.

Die Seilkurve ist eine Parabel mit lotrechter Achse.

Aus $\dfrac{d}{dx}\left(y - \dfrac{h}{l}\,x\right) = \dfrac{q}{2\,H}\,(l - 2\,x) = 0$ ergibt sich der größte

Durchhang f an der Stelle $x_1 = \dfrac{l}{2}$ mit $f = \dfrac{q\,l^2}{8\,H}$ und daher der Horizontalzug

$$H = \frac{q\,l^2}{8\,f}. \tag{1}$$

Die Bogenlänge s der Seilkurve ist zu berechnen aus

$$s = \int_0^l \sqrt{1 + y'^2}\,dx.$$

Im Falle $h = 0$ ist

$$y' = \frac{q}{2H}(l - 2x) = \frac{4f}{l}\left(1 - 2\frac{x}{l}\right);$$

wird der Integrand in eine Reihe entwickelt, so ergibt deren Integration

$$s = l\left(1 + \frac{8}{3}\frac{f^2}{l^2} - \frac{32}{5}\frac{f^4}{l^4} + \frac{256}{7}\frac{f^6}{l^6} - \cdots\right).$$

Für flache Parabelbogen $\left(\frac{f}{l} \lessgtr \frac{1}{8}\right)$ kann angenähert

$$s = l\left(1 + \frac{8}{3}\frac{f^2}{l^2}\right) \tag{2}$$

gesetzt werden oder auch

$$s = l\left(1 + \frac{q^2 l^2}{24 H^2}\right). \tag{3}$$

Hieraus folgt $\Delta s = \frac{16}{3}\frac{f}{l}\Delta f$, somit beträgt die Vergrößerung des Durchhanges bei Zunahme der Bogenlänge um Δs:

$$\Delta f = \frac{3}{16}\frac{l}{f}\Delta s.$$

2. Die Seilkurve besteht aus zwei parabolischen Ästen AC und CD, die in C tangentiell übergehen. (Abb. 236).

Für den Ast AC folgt aus $\dfrac{d^2y}{dx^2} = -\dfrac{q}{H}:\quad \dfrac{dy}{dx} = -\dfrac{q}{H}x + C_1$ und wegen $y = 0$ für $x = 0$:

$$y = -\frac{q}{H}\frac{x^2}{2} + C_1 x;$$

für den Ast CD entsteht aus $\dfrac{d^2y}{dx^2} = -\dfrac{q+p}{H}$ durch zweimalige Integration

$$\frac{dy}{dx} = -\frac{q+p}{H}x + D_1, \qquad y_2 = -\frac{q+p}{H}\frac{x^2}{2} + D_1 x + D_2.$$

Aus der Übereinstimmung der Ordinaten y und der Tangentenneigung $\dfrac{dy}{dx}$ an der Stelle $x_1 = \dfrac{l}{2} - a$ ergibt sich $C_1 = -\dfrac{p}{H}x_1 + D_1$ und $D_2 = -\dfrac{p\,x_1^2}{2H}$, womit für den Ast CD die Gl.

$$y = -\frac{q}{H}\frac{x^2}{2} + C_1 x - \frac{p}{2H}(x - x_1)^2$$

entsteht.

Aus $\dfrac{dy}{dx} = 0$ für $x = \dfrac{l}{2}$ folgt die Integrationskonstante C_1 zu

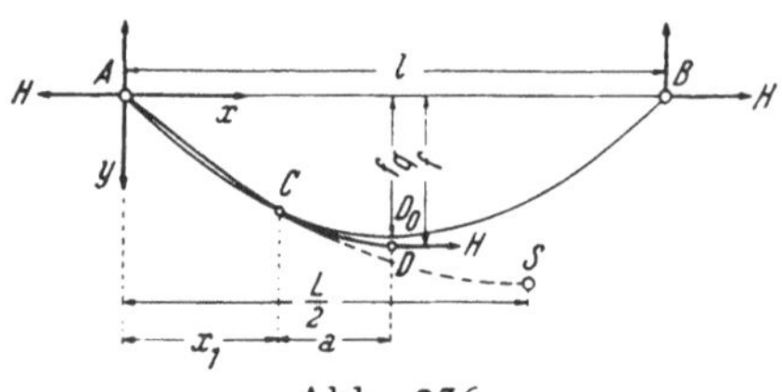

$$C_1 = \frac{p\,a}{H} + \frac{q\,l}{2H},$$

womit sich der Durchhang f mit

$$f = \frac{1}{H}\left[\frac{q\,l^2}{8} + \frac{p\,a}{2}(l-a)\right] \quad (1)$$

berechnet.

Die Abszisse $L/2$ des Scheitels S der Parabel AC ergibt sich aus $-\dfrac{q}{H}\dfrac{L}{2} + C_1 = 0$ mit Benutzung des Wertes von C_1 zu

$$\frac{L}{2} = \frac{l}{2} + \frac{p}{q}\,a. \quad (2)$$

Die Ergebnisse Gl. (1) und (2) findet man auch unmittelbar durch folgende Überlegung: Schneidet man das Kabel in C entzwei, so muß dort die Kabelspannung für den Ast $A\,C$ und für den anschließenden Ast $C\,D$ gleich groß sein. Da das Kabel nur lotrecht belastet wird, so ist die Gleichheit der Horizontalkomponenten der Kabelspannungen gesichert. Die lotrechte Komponente der am Ast $A\,C$ in C wirkenden Kabelspannung beträgt $q\,(L/2 - x_1)$, während jene der am Ast $C\,D$ wirkenden Kabelspannung den Wert $(q+p)\,a$ hat; die Übereinstimmung beider liefert

$$q\left(\frac{L}{2} - x_1\right) = (q + p)\,a,$$

woraus mit $x_1 = L/2 - a$ unmittelbar Gl. (2) folgt.

Da die lotrechte Komponente der Kabelspannung im Aufhängepunkt A gleich $\dfrac{q\,l}{2} + p\,a$ ist, so liefert Nullsetzen der Momente um Punkt D:

$$f\,H = \left(\frac{q\,l}{2} + p\,a\right)\frac{l}{2} - \frac{q\,l^2}{8} - \frac{p\,a^2}{2} = \frac{q\,l^2}{8} + \frac{p\,a}{2}(l-a)$$

in Übereinstimmung mit Gl. (1).

Der Horizontalzug H ist nun aus der Bedingung der Undehnbarkeit des Kabels zu berechnen. Das zunächst nur mit q auf die horizontale Länge $2\,l$ belastete Kabel mit dem Durchhange f_q hat nach Gl. (2) der Aufg. VII, 1 die halbe Bogenlänge

$$\overset{\frown}{A\,D_0} = \frac{l}{2}\left(1 + \frac{8}{3}\frac{f_q^2}{l^2}\right).$$

Nach Aufbringen der Nutzlast p senkt sich der Scheitel D_0 nach D und es ist die Bogenlänge $\overset{\frown}{A\,D}$ gleich $\overset{\frown}{A\,S} - \overset{\frown}{C\,S} + \overset{\frown}{C\,D}$; die angegebenen Teilbogen sind nach Gl. (3) der Aufg. VII, 1 zu berechnen.

Es ist
$$\overset{\frown}{A\,S} = \frac{L}{2}\left(1 + \frac{q^2 L^2}{24\,H^2}\right),$$

ferner wegen $L/2 - x_1 = (1 + p/q)\,a$:
$$\overset{\frown}{C\,S} = \left(1 + \frac{p}{q}\right)a\left[1 + \frac{(p+q)^2}{6\,H^2}a^2\right]$$

und schließlich
$$\overset{\frown}{C\,D} = a\left[1 + \frac{(p+q)^2\,a^2}{6\,H^2}\right].$$

Da $p/q = n$, so lautet die Bedingung der Undehnbarkeit des Kabels mit Einführung von $\dfrac{2\,a}{l} = z$ und wegen $L = l + 2\,a\,n = l\,(1 + z\,n)$:

$$\frac{l}{2}\left(1 + \frac{8}{3}\frac{f_q^2}{l^2}\right) = \frac{l}{2}(1 + z\,n)\left[1 + \frac{q^2\,l^2\,(1 + z\,n)^2}{24\,H^2}\right] -$$
$$- a\,(n+1)\left[1 + \frac{a^2\,(p+q)^2}{6\,H^2}\right] + a\left[1 + \frac{a^2\,(p+q)^2}{6\,H^2}\right].$$

Hieraus folgt
$$H^2\frac{8}{3}\frac{f_q^2}{l^2} = (1 + z\,n)^3\frac{q^2\,l^2}{24} - z\,(n+1)^3\frac{q^2\,a^2}{6} + z\,(n+1)^2\frac{q\,a^2}{6}.$$

Da aber nach Gl. (1) der Aufg. VII, 1 $H_q = \dfrac{q\,l^2}{8\,f_q}$, so ergibt sich schließlich

$$H = H_q\sqrt{1 + 3\,n\,z + 3\,n^2\,z^2 - (2\,n^2 + n)\,z^3}\qquad(2)$$

und hiemit aus Gl. (1) der Durchhang f bei Beachtung von $f_q = \dfrac{q\,l^2}{8\,H_q}$ zu

$$f = f_q\frac{1 + n\,z\,(2 - z)}{\sqrt{1 + 3\,n\,z + 3\,n^2\,z^2 - (2\,n^2 + n)\,z^3}}.\qquad(3)$$

Nennt man $2\,a_1$ jene Belastungsstrecke der Nutzlast p, für die sich der größte Durchhang f_{max} ergeben soll, so muß das zugehörige $z_1 = \dfrac{2\,a_1}{l}$ der aus $\dfrac{\partial f}{\partial z} = 0$ entstehenden Gl.

$$n\,(2\,n+1)\,z^4 - 2\,n\,(n-1)\,z^3 - 3\,(n-1)\,z^2 - 4\,z + 1 = 0$$

genügen.

Für einige Werte von n zwischen 0 und 1 sind die zugehörigen Wurzeln z_1 nebst den Werten $(f/f_q - 1)$ und H/H_q in der folgenden Übersicht angegeben:

$n =$	0	0,10	0,25	0,50	1,00
$z_1 =$	0,333	0,322	0,306	0,289	.0,253
$(f/f_q) - 1 =$	0	0,0069	0,0151	0,0281	0,0456
$H/H_q =$	1	1,047	1,112	1,213	1,379

Nach Timoshenko, S.: Journ. Franklin Instit. *235*, S. 213, (1943).

3. Die sich ausbildende Seilkurve besteht aus den beiden symmetrischen Parabelästen $A\,D$ und $B\,D$ (Abb. 237), die in D einen Knick aufweisen. Der Scheitel S der Parabel $A\,D\,S$ sei um das Maß b aus der Mittellage verschoben, das sich aus der Gleichheit von $q\,b$ und $\dfrac{P}{2}$ zu $b = \dfrac{P}{2\,q} = \dfrac{l\,\nu}{2}$

ergibt, wenn $\dfrac{P}{q\,l} = \nu$ gesetzt wird; somit ist $L = l\,(1 + \nu)$.

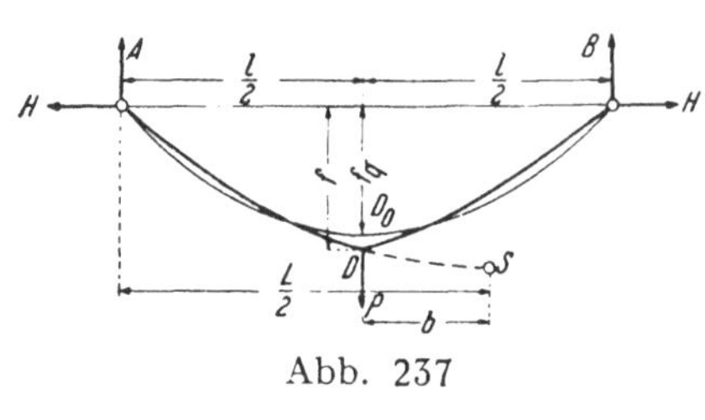

Abb. 237

Bezeichnen H_q und H die Horizontalzüge vor und nach Aufbringen der Last P, wobei nach Aufg. VII, 1 $H_q = \dfrac{q\,l^2}{8\,f_q}$,

weiters $A = \dfrac{1}{2}\,(q\,l + P) = \dfrac{q\,l}{2}\,(1 + \nu)$ die lotrechte

Komponente der Kabelspannkraft in A, so folgt aus dem Momentengleichgewicht um Punkt D: $A\,\dfrac{l}{2} - \dfrac{q\,l^2}{8} - H\,f = 0$ oder

$$f = \frac{1}{H}\left(\frac{q\,l^2}{8} + \frac{P\,l}{4}\right) = \frac{q\,l^2}{8\,H}\,(1 + 2\,\nu). \tag{1}$$

Die Bedingung der vorausgesetzten Dehnungslosigkeit der Kabelachse führt zur Kenntnis von H. Nach Gl. (2) der Aufg. VII, 1 beträgt die Länge des nur mit q belasteten Parabelbogens $\overset{\frown}{A\,D_0} = \dfrac{l}{2}\left(1 + \dfrac{8}{3}\,\dfrac{f_q^2}{l^2}\right)$,

jene des Bogens $\overset{\frown}{A\,D}$ ergibt sich zu $\overset{\frown}{A\,D} = \overset{\frown}{A\,S} - \overset{\frown}{D\,S}$, wobei

$$\overset{\frown}{A\,S} = \frac{L}{2}\left(1 + \frac{q^2\,L^2}{24\,H^2}\right), \qquad \overset{\frown}{D\,S} = b\left(1 + \frac{q^2\,b^2}{6\,H^2}\right),$$

so daß aus $\overset{\frown}{A\,D_0} = \overset{\frown}{A\,D}$ die Beziehung folgt

$$\frac{l}{2}\left(1 + \frac{8}{3}\,\frac{f_q^2}{l^2}\right) = \frac{l}{2}\,(1 + \nu)\left[1 + \frac{q^2\,l^2\,(1 + \nu)^2}{24\,H^2}\right] - \frac{l}{2}\,\nu\left(1 + \frac{q^2\,l^2\,\nu^2}{24\,H^2}\right).$$

Diese liefert bei Beachtung des obigen Ausdruckes von H_q das Ergebnis

$$H = H_q\sqrt{1 + 3\,\nu + 3\,\nu^2} \tag{2}$$

und daher nach Gl. (1):

$$f = f_q\,\frac{1 + 2\,\nu}{\sqrt{1 + 3\,\nu + 3\,\nu^2}}. \tag{3}$$

Hieraus kann die Änderung $H - H_q$ des Horizontalzuges und $f - f_q$ des Durchhanges berechnet werden.

Die Ergebnisse Gl. (2) und (3) können natürlich auch durch einen Grenzübergang aus den Gln. (2) und (3) der Aufg. VII, 2 gefunden werden. Läßt man dort die Belastungslänge $2\,a$ gegen Null abnehmen und setzt $2\,p\,a = P$, so wird mit $\nu = \dfrac{P}{q\,l}:\qquad n\,z = \nu$, womit für $z = 0$ die Gln. (2) und (3) unmittelbar in die obigen Formeln Gl. (2) und (3) übergehen.

4. Die Leitlinie des Zylinders muß die Seillinie der Flüssigkeitsdrucke sein. Sei y die Tiefenlage des Punktes P der Leitlinie unter dem Flüssigkeitsspiegel, so wirkt auf das Längenelement ds der Seilkurve der mit der Tiefe linear zunehmende Flüssigkeitsdruck $p = \gamma\,y$ normal zu ds. (Abb. 238).

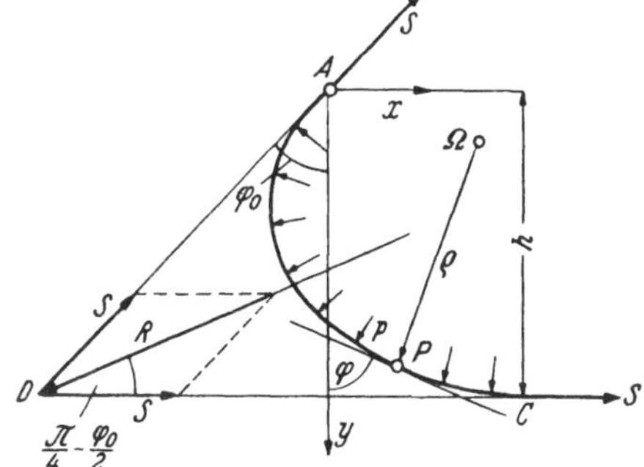

Abb. 238

Bezeichnet $\varrho = \overline{P\,\Omega}$ den Krümmungshalbmesser der Leitlinie und S die konstante Spannkraft in der Blechwand, so liefert das Gleichgewicht des Wandelements in der Druckrichtung

$$S\,d\varphi = p\,ds = \gamma\,y\,\varrho\,d\varphi$$

oder $y\,\varrho = S/\gamma = a^2/2$ mit a als gegebener Länge.

Mit φ als Neigung der Tangente gegen die Lotrechte gilt

$$\frac{1}{\varrho} = \frac{d(\sin\varphi)}{dy} = \frac{2\,y}{a^2},$$

so daß

$$\sin\varphi = \left(\frac{y}{a}\right)^2 + C_1.$$

An der tiefsten Stelle ist $y = h$, $\varphi = \dfrac{\pi}{2}$, damit wird $C_1 = 1 - \left(\dfrac{h}{a}\right)^2$ und

$$\sin\varphi = 1 + \frac{y^2 - h^2}{a^2}.$$

Da für $y = 0$, $\varphi = -\varphi_0$ sein soll, so folgt hieraus

$$h = \sqrt{2\,\frac{S}{\gamma}\,(1 + \sin\varphi_0)}.$$

Die resultierende Druckwirkung $\mathfrak{R}$ auf die Blechwand $\overset{\frown}{A\,C}$ steht im Gleichgewichte mit den in A und C wirkenden Zugkräften S; die Wirkungslinie von $\mathfrak{R}$ geht daher durch den Schnittpunkt D der beiden Kräfte S und es ist $\mathfrak{R} = -(\mathfrak{S}_A + \mathfrak{S}_C)$. Wird die Meridianlinie in gleiche kleine Bogenteile $\varDelta s$ geteilt, so wirkt auf ein solches die Belastung

$\Delta P = \gamma \Delta s\, y$. Schlägt man aus beliebigem Mittelpunkte O einen Kreis vom Halbmesser $r = \dfrac{S}{\gamma \Delta s} = \dfrac{a^2}{2\,\Delta s}$, so schneiden jene Radien, welche den in den Endpunkten des Bogenteilchens Δs gezogenen Tangenten parallel laufen, den Kreis in den Punkten $m - 1$ und m; dann beträgt die Sehnenlänge $\overline{m - 1, m} = r\,\Delta \varphi$ oder wegen $\Delta s = \varrho\,\Delta \varphi$

$$\overline{m - 1, m} = \frac{S}{\gamma \varrho} = y,$$

das heißt, die Meridiankurve kann durch ein Seileck angenähert werden, das zu jenem Krafteck gehört, dessen Seiten die in einem Kreise vom Halbmesser $r = \dfrac{S}{\gamma \Delta s}$ aufgetragenen Druckhöhen y sind.

(Nach Federhofer, K. und Krebitz, J.: Eisenbau, 5, S. 187, 1914.)

Da

$$\operatorname{cotg} \varphi = \frac{1}{\sin \varphi}\sqrt{1 - \sin^2 \varphi} = \frac{dy}{dx},$$

so ergibt sich als Differentialgleichung der gesuchten Seilkurve

$$\frac{dy}{dx} = \frac{\sqrt{1 - \left(\dfrac{y^2}{a^2} + C_1\right)^2}}{\dfrac{y^2}{a^2} + C_1},$$

deren Integration mit Hilfe der Substitution $y = a\sqrt{1 - C_1}\cos \psi$ durch die elliptischen Integrale erster und zweiter Gattung vom Modul $k = \sqrt{\dfrac{1 - C_1}{2}}$ geleistet werden kann.

Federhofer, K.: Eisenbau, 4, S. 355, 1913.

5. Die auf die Oberflächeneinheit wirkende lotrechte Last p gibt in den Richtungen der Tangente und Normalen der Gewölbeachse die Komponenten $p_t = p \sin \varphi$, $p_n = p \cos \varphi$ und es lauten die Gleichgewichtsgleichungen für ein Gewölbeelement ds für die Richtungen t und n

$$\sigma \frac{d\delta}{ds} = p_t = p \sin \varphi, \qquad \text{(a)}$$

$$\frac{1}{\varrho} = \frac{p_n}{\sigma \delta} = \frac{p \cos \varphi}{\sigma \delta}. \qquad \text{(b)}$$

Mit $\varrho\, d\varphi = ds$ ergibt sich aus (a) bei Beachtung von (b) $\dfrac{d\delta}{\delta} = \operatorname{tg} \varphi\, d\varphi$, woraus folgt

$$\delta \cos \varphi = \delta_0, \qquad \text{(c)}$$

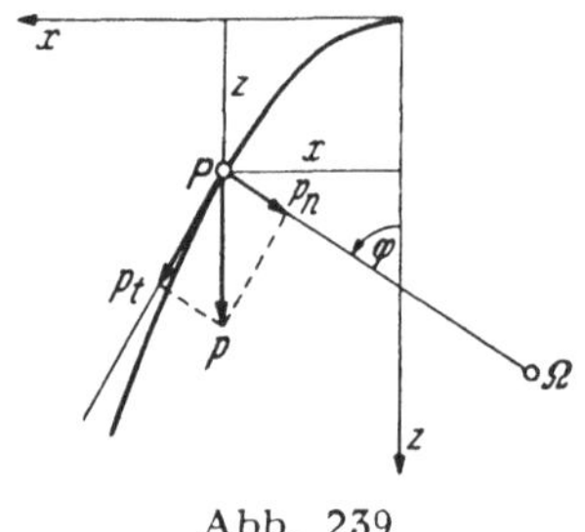

Abb. 239

wenn δ_0 die Gewölbestärke im Scheitel ($\varphi = 0$) angibt.

Hiemit liefert Gl. (b)

$$\frac{1}{\varrho} = \frac{p \cos^2 \varphi}{\sigma \, \delta_0}. \tag{d}$$

Der Belastungsansatz $p = \dfrac{p_0}{\cos^n \varphi}$ führt zur Beziehung $\dfrac{1}{\varrho} = \dfrac{p_0}{\sigma \, \delta_0} \cos^{2-n}\varphi$,

oder $\varrho = \varrho_0 \cos^{n-2} \varphi$, wenn $\dfrac{\sigma \, \delta_0}{p_0}$ den Krümmungshalbmesser ϱ_0 im Scheitel bezeichnet.

Sonderfälle:

$n = -1;$ $\varrho = \dfrac{\varrho_0}{\cos^3 \varphi}$ (Parabel); aus Gl. (d) folgt hiemit $p = p_0 \cos \varphi$,

das heißt konstante Belastung p_0 je waagrechte Flächeneinheit.

$n = 0;$ $\varrho = \dfrac{\varrho_0}{\cos^2 \varphi}$ (Kettenlinie); aus Gl. (d) folgt $p = p_0$.

$n = 2;$ $\varrho = \varrho_0$ (Kreis); aus Gl. (d): $p = \dfrac{p_0}{\cos^2 \varphi}$.

$n = 3;$ $\varrho = \varrho_0 \cos \varphi$ (Zykloide); $p = \dfrac{p_0}{\cos^3 \varphi}$.

6. Auf das Längenelement ds an der Stelle $(x,\, z)$ der Kette (Abb. 240) wirken die Kräfte $\gamma \, \delta \, ds$, S und $S + dS$, deren Gleichgewicht ausgedrückt ist durch die Gleichungen

$$dS - \gamma \, \delta \, ds \sin \varphi = 0 \quad \text{(Richtung der Tangente)},$$
$$S \, d\varphi - \gamma \, \delta \, ds \cos \varphi = 0 \quad \text{(Richtung der Normalen)}.$$

Aus der ersten folgt mit $S = \sigma \, \delta$
und $ds \sin \varphi = dz$

$$\sigma \frac{d\delta}{\delta} - \gamma \, dz = 0 \quad \text{oder}$$

$$\delta = \delta_0 \, e^{\frac{\gamma z}{\sigma}}, \tag{a}$$

wo δ_0 die Kettenstärke im Scheitel 0 $(x = 0,\ z = 0)$ angibt.

Die zweite Gleichgewichtsgleichung liefert wegen $ds = \varrho \, d\varphi$

$$\frac{1}{\varrho} = \frac{\gamma}{\sigma} \cos \varphi = \alpha \cos \varphi, \tag{b}$$

wobei die Konstante $\gamma/\sigma = \alpha$ gesetzt ist.

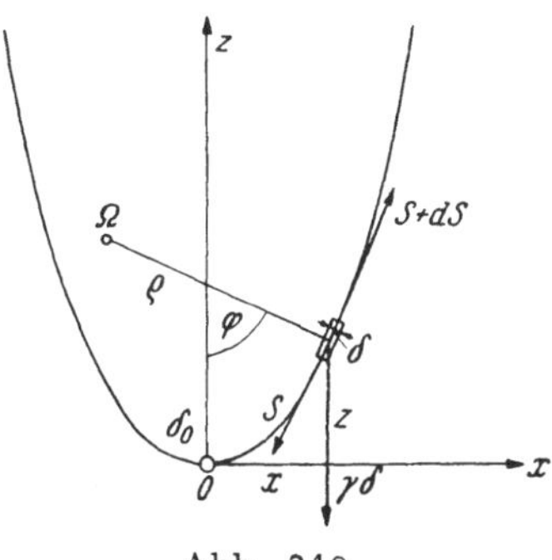

Abb. 240

Mit $S = \sigma \, \delta$ lautet die zweite Gleichgewichtsgleichung $\dfrac{d\varphi}{\cos \varphi} = \alpha \, ds;$

ihre Integration liefert bei Beachtung, daß $s = 0$, $\varphi = 0$ zusammengehörige Werte sind,

$$a\,s = \ln \operatorname{tg}\left(\frac{\pi}{4} + \frac{\varphi}{2}\right) = \ln \frac{1 + \operatorname{tg}\dfrac{\varphi}{2}}{1 - \operatorname{tg}\dfrac{\varphi}{2}}$$

oder

$$e^{a\,s} = \frac{1 + \operatorname{tg}\dfrac{\varphi}{2}}{1 - \operatorname{tg}\dfrac{\varphi}{2}}.$$

Hieraus folgt $\operatorname{tg}\dfrac{\varphi}{2} = \dfrac{e^{a\,s} - 1}{e^{a\,s} + 1}$ und wegen $\dfrac{1}{\cos\varphi} = \dfrac{1 + \operatorname{tg}^2\dfrac{\varphi}{2}}{1 - \operatorname{tg}^2\dfrac{\varphi}{2}}$

$$\frac{1}{\cos\varphi} = \frac{1}{2}\left(e^{a\,s} + e^{-a\,s}\right) = \operatorname{Cos}\,(a\,s).$$

Im Verein mit Gl. (b) ergibt sich daher

$$a\,\varrho = \operatorname{Cos}\,(a\,s), \tag{c}$$

das ist die natürliche Gl. der von G. Coriolis gefundenen Kettenlinie gleichen Widerstandes.

Die analoge Aufgabe mit den gleichen Ergebnissen Gl. (a) und (c) liegt vor bei der Formbestimmung eines nur durch Eigengewicht belasteten Gewölbes, das in allen Querschnitten gleiche Druckspannungen σ erfährt.

7. a) Bezeichnet in Abb. 241: $P = k\,f\,(r)$ die auf die Längeneinheit des Fadens bezogene Zentralkraft (positiv als Anziehungskraft), S die Fadenspannung an der Stelle $M\,(r, \varphi)$, $\overline{[O\,M = r]}$, Θ den Winkel zwischen Fahrstrahl und Kurventangente, so ist das Gleichgewicht der am Bogenelemente ds wirkenden Kräfte $P\,ds$, S und $S + dS$ ausgedrückt durch die beiden Gleichungen

$dS - P\,ds \,.\, \cos\Theta = 0$ (Kräftesumme in Richtung der Tangente $= 0$),
$\qquad d\,(S\,r \,.\, \sin\Theta) = 0$ (Momente um das Zentrum 0 gleich Null).

Die erste Gl. vereinfacht sich wegen $ds \,.\, \cos\Theta = dr$ in

$$dS = P\,dr, \tag{a}$$

und die zweite Gl. liefert

$$S\,r \sin\Theta = C. \tag{b}$$

Aus Gl. (a) ergibt sich für die Fadenspannung

$$S = k \int f\,(r)\,dr + C_1, \tag{c}$$

womit aus Gl. (b) wegen

$$\sin \Theta = \frac{r}{\sqrt{r^2 + r'^2}}$$

die Beziehung folgt:

$$k \int f(r)\,dr + C_1 = \frac{C}{r^2} \sqrt{r^2 + r'^2}. \tag{d}$$

Mit den Abkürzungen $k/C = \alpha$, $C_1/C = \beta$ ergibt sich die Differential-gleichung der Seilkurve

$$d\varphi = \frac{dr}{r \sqrt{r^2 [\alpha \int f(r)\,dr + \beta]^2 - 1}}.$$

b) Ist M_0 der Fußpunkt der vom Pole O zur Seillinie gezogenen Normalen und bezeichnen $r_0,\cdot S_0$ die zu M_0 gehörigen Werte von r und S, so gilt wegen $\Theta_0 = \pi/2$ gemäß Gl. (b) und (c)

$$S_0 r_0 = C, \qquad C_1 = S_0 - k \int_{r=r_0} f(r)\,dr. \tag{e}$$

Führt man die Dimensi-onslosen ξ und $g(\xi)$ entspre-chend der Festsetzung

$$\xi = \frac{r}{r_0}, \qquad P(\xi) = k_1 g(\xi)$$

ein, so sind die zu bestim-menden Seilkurven charakte-risiert durch *einen* wesent-lichen Parameter

$$\gamma = \frac{k_1 r_0^2}{C} = \frac{k_1 r_0}{S_0}.$$

Hiemit geht Gl. (d) bei Beachtung von Gl. (e) über in

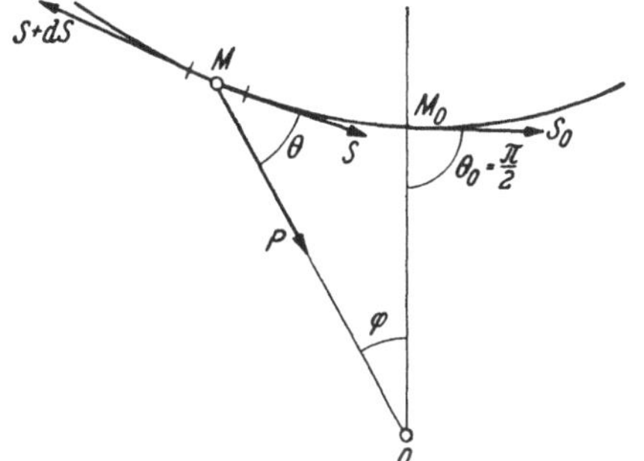

Abb. 241

$$\frac{1}{\xi^2} \sqrt{\xi^2 + \xi'^2} = 1 + \gamma \int_{\xi=1}^{\xi} g(\xi)\,d\xi,$$

woraus folgt

$$\frac{d\xi}{d\varphi} = \pm \xi \sqrt{\xi^2 \left[1 + \gamma \int_1^{\xi} g(\xi)\,d\xi\right]^2 - 1}.$$

Mit $P(\xi) = k_1 \xi^n$, das heißt $g(\xi) = \xi^n$ ergibt sich hieraus — wenn der Fall $n = -1$ ausgenommen wird —

$$\frac{d\xi}{d\varphi} = \pm \xi \sqrt{\xi^2 \left[1 + \frac{\gamma}{n+1}(\xi^{n+1} - 1)\right]^2 - 1}.$$

Gehorcht der Parameter γ der Seilkurve der Beziehung $\gamma = n + 1$, dann wird

$$\frac{d\xi}{d\varphi} = \pm\, \xi\, \sqrt{\xi^{2(n+2)} - 1}\,,$$

oder

$$\xi^{n+2} \cos (n+2)\,\varphi = 1.$$

Dies ist die Polargleichung einer Sinusspirale vom Index $-(n+2)$.

Mit den Dimensionslosen ξ, $g(\xi)$ und dem Parameter γ wird Gl. (c) umgeformt in

$$S = S_0 \left[1 + \gamma \int\limits_1^\xi g(\xi)\, d\xi \right],$$

woraus mit $g(\xi) = \xi^n$ und $\gamma = n + 1$ die Beziehung

$$S = S_0\, \xi^{n+1} = S_0 \left(\frac{r}{r_0} \right)^{n+1}$$

folgt. Der Kurvenklasse der Sinusspiralen gehören viele bekannte Kurven an, z. B.

Kreis,	Index $+1$,	$n = -3$,	$\dfrac{S}{S_0} = \dfrac{1}{\xi^2}$	Parameter $\gamma = -2$,	
Parabel,	$-\dfrac{1}{2}$	$-\dfrac{3}{2}$	$\dfrac{1}{\sqrt{\xi}}$	$-\dfrac{1}{2}$,	
Gleichseitige Hyperbel	-2	0	ξ	1.	

Federhofer, K.: Z. angew. Math. Mech., 21, S. 233, (1941).

8. Mit σ als konstanter Seilbeanspruchung wird $S = \sigma\,\delta$, so daß Gl. (a) der Aufg. 7 (a), in der $P = \dfrac{k\,\delta}{r}$ einzutragen ist, übergeht in $\sigma\, d\delta = k/r\, \delta\, dr$; hieraus wird

$$\delta = \delta_0 \left(\frac{r}{r_0} \right)^{k/\sigma},$$

wenn δ_0 die Seilstärke an der Stelle r_0 angibt.

Aus Gl. (b) von Aufg. 7 (a), die in

$$\frac{r^2}{\sqrt{r^2 + r'^2}} = \frac{C}{\sigma\,\delta_0 \left(\dfrac{r}{r_0} \right)^{k/\sigma}}$$

übergeht, folgt nach Integration

$$r^{1+\frac{k}{\sigma}} \cos\left(1 + \frac{k}{\sigma} \right)\varphi = r_0^{\,1+\frac{k}{\sigma}}.$$

Der gesuchten Seilform entsprechen somit Sinusspiralen mit dem Index $-(1 + k/\sigma)$.

Bonnet, O.: Liouvilles Journ., 9, S. 97, (1844).

9. Mit q als Gewicht der Längeneinheit des Seiles und S als Seilkraft an der Stelle (x, y) bestehen für ein Element ds die Gleichgewichtsgleichungen

$$d\,(S\cos\varphi) = 0 \quad \text{(Kräfte in waagrechter Richtung)},$$
$$d\,(H\,\mathrm{tg}\,\varphi) - q\,ds = 0 \quad \text{(Kräfte in lotrechter Richtung)}.$$

Die erste Gl. liefert $S\cos\varphi = \text{konst.} = H$, so daß

$$S = \frac{H}{\cos\varphi}, \tag{a}$$

aus der zweiten folgt $\dfrac{H}{\cos^2\varphi}\,d\varphi = q\,ds$ oder

$$\frac{ds}{d\varphi} = \frac{H}{q\cos^2\varphi}. \tag{b}$$

Infolge der Seilkraft S verlängert sich das Bogenelement ds um $\dfrac{S}{E\,F}\,ds$

(E Elastizitätsmodul, F Seilquerschnitt), das Bogenelement erhält daher die Länge

$$d\sigma = ds\left(1 + \frac{H}{E\,F\cos\varphi}\right)$$

oder wegen Gl. (b)

$$d\sigma = d\varphi\left(\frac{a_1}{\cos^2\varphi} + \frac{a_2}{\cos^3\varphi}\right), \tag{c}$$

worin

$$a_1 = \frac{H}{q}, \qquad a_2 = \frac{H^2}{q\,E\,F}. \tag{d}$$

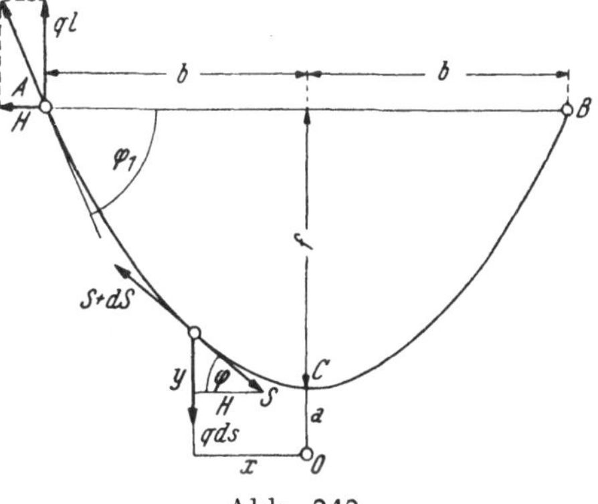

Abb. 242

Die Länge a_1 bedeutet den Parameter der nicht dehnbaren (gewöhnlichen) Kettenlinie, a_2 gibt einen durch Berücksichtigung der Elastizität des Seiles hinzutretenden Parameter an.

Bei Annahme des durch O gelegten rechtwinkligen Achsenkreuzes gilt

$$dx = d\sigma\cos\varphi = \left(\frac{a_1}{\cos\varphi} + \frac{a_2}{\cos^2\varphi}\right)d\varphi, \tag{e}$$

$$dy = d\sigma\sin\varphi = \left(\frac{a_1\sin\varphi}{\cos^2\varphi} + \frac{a_2\sin\varphi}{\cos^3\varphi}\right)d\varphi. \tag{f}$$

Integriert man Gl. (e) und (f), so folgt, da $x = 0$, $\varphi = 0$ (Punkt C) zusammengehörige Werte sind,

$$x = a_1 \ln \mathrm{tg}\left(\frac{\pi}{4} + \frac{\varphi}{2}\right) + a_2\,\mathrm{tg}\,\varphi \tag{g}$$

und

$$y = \frac{a_1}{\cos\varphi} + \frac{a_2}{2\cos^2\varphi} + C_1.$$

Wird der Ursprung O so festgelegt, daß $C_1 = 0$, so wird

$$\overline{OC} = a = a_1 + \frac{a_2}{2}, \tag{h}$$

und

$$y = \frac{a_1}{\cos \varphi} + \frac{a_2}{2 \cos^2 \varphi}. \tag{i}$$

Mit den Gln. (g) und (i) sind die Parametergleichungen der „elastischen Kettenlinie" dargestellt. Aus Gl. (h) ersieht man, daß die Elastizität des Seiles den Parameter a_1 der gewöhnlichen Kettenlinie um $a_2/2$ vergrößert. Die Länge a kennzeichnet den Parameter der „elastischen Kettenlinie".

Mit $x = b$ folgt aus Gl. (g) die zur Berechnung der Seilneigung φ_1 in A dienende transzendente Gl.

$$b = a_1 \ln \mathrm{tg} \left(\frac{\pi}{4} + \frac{\varphi_1}{2} \right) + a_2 \, \mathrm{tg}\, \varphi_1.$$

Der Durchhang f ergibt sich aus Gl. (i), wenn $\varphi = \varphi_1$ und $y = f + a$ eingetragen wird, zu

$$f = a_1 \left(\frac{1}{\cos \varphi_1} - 1 \right) + \frac{a_2}{2} \left(\frac{1}{\cos^2 \varphi_1} - 1 \right).$$

Die Seillänge L von A bis C nach der Dehnung beträgt nach Gl. (c)

$$L = l + \Delta l = a_1 \int_0^{\varphi_1} \frac{d\varphi}{\cos^2 \varphi} + a_2 \int_0^{\varphi_1} \frac{d\varphi}{\cos^3 \varphi}$$

oder

$$L = a_1 \, \mathrm{tg}\, \varphi_1 + \frac{a_2}{2} \left[\frac{\sin \varphi_1}{\cos^2 \varphi_1} + \ln \mathrm{tg} \left(\frac{\pi}{4} + \frac{\varphi_1}{2} \right) \right].$$

VIII. Stabilität des Gleichgewichts

a) Der auf einer festen Fläche ruhende schwere Körper

Es sei vorausgesetzt, daß der gestützte Körper eine Symmetrieebene besitze, in der dann der Schwerpunkt S liegt; sie schneide den Körper in der Kurve Γ_g, die feste Unterlage in der Kurve Γ_r. Bei glatten Flächen muß für Gleichgewicht die Linie OS lotrecht sein und mit der Normalen der sich in O berührenden Kurven. zusammenfallen. (Abb. 243).

Erfährt. der gestützte Körper eine unendlich kleine Bewegung aus seiner Gleichgewichtslage, indem Γ_g eine kleine Drehung um den Momentanpol O ausführt, so ist das Gleichgewicht stabil, wenn die Bahn von S nach unten konvex ist.

Es gibt auf der Systemgeraden OS nur einen einzigen Punkt — den Wendepol J —, der momentan eine Bahnstelle mit unendlich großem Krümmungshalbmesser, also im allgemeinen einen Wendepunkt seiner Bahn durchschreitet. Sind ϱ_g und ϱ_r die Krümmungshalbmesser der beiden Polbahnen (Γ_g Gangpolbahn, Γ_r Rastpolbahn), so gilt für den Wendedurchmesser $d = \overline{OJ}$ nach der Gleichung von Euler-Savary:

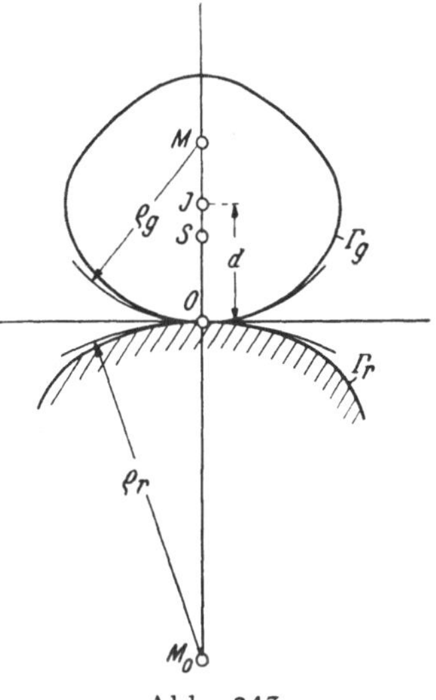

Abb. 243

$$\frac{1}{\varrho_g} \pm \frac{1}{\varrho_r} = \frac{1}{d},$$

worin das positive Zeichen zu nehmen ist, wenn die Krümmungsmittelpunkte von Γ_g und Γ_r auf entgegengesetzten Seiten von O liegen. Da die Bahnkurven der innerhalb der Strecke OJ liegenden Systempunkte ihre konvexe Seite dem Drehpole O zuwenden, so besteht für stabiles Gleichgewicht die Bedingung

$$\overline{OS} < \overline{OJ}. \tag{1}$$

Hiemit läßt sich die Stabilität des Gleichgewichtes in den Aufg. 1 bis 5 einfach beurteilen.

1. Wegen $\varrho_r = \infty$ wird $\overline{OJ} = \varrho_g = r$, das heißt der Schwerpunkt S des Körpers muß in den Mittelpunkt J von Γ_g fallen; hienach ist

$$\frac{1}{3}\, x\, r^2 \pi \frac{1}{4}\, x = \frac{2}{3}\, r^3 \pi \frac{3}{8}\, r,$$

woraus

$$x = r\sqrt{3}.$$

2. Bei der Parabel ist der Krümmungshalbmesser ϱ_r im Scheitel gleich dem Parameter p; da ferner $\varrho_g = \infty$, so folgt $\varrho_r = d = p$ oder nach Gl. (1) $\overline{OS} < p$ und wegen $\overline{OS} = h/4$

$$h < 4\,p.$$

3. Mit $\varrho_g = r$, $\varrho_r = R$ wird $d = \overline{OJ} = \dfrac{R\,r}{R + r}.$

Nun ist $\overline{OS} = r - \dfrac{3}{8}\,r = \dfrac{5}{8}\,r$, womit die Bedingung (1) über-

geht in $\dfrac{5}{8}\,r < \dfrac{R\,r}{R + r}$ oder

$$r < \frac{3}{5}\,R.$$

4. Mit F als der zum Vollkreis fehlenden Fläche des oberen Segmentes und $2\,\alpha = \pi/2$ ist die Entfernung des Schwerpunktes S der Basisfläche von O zu berechnen aus

$$(r^2\pi - F)\,\overline{OS} = r^2\pi\,r - F\left(\frac{c^3}{12\,F} + r\right),$$

wo $c = 2\,r\sin\alpha$ die Sehne des Segmentes bedeutet.
Hienach wird

$$\overline{OS} = \frac{r^3\pi - F\,r - \dfrac{2}{3}\,r^3\sin^3\alpha}{r^2\pi - F},$$

worin

$$F = r^2\,(\alpha - \sin\alpha\cos\alpha).$$

Da $\varrho_g = r$, $\varrho_r = R$, so ist

$$d = \overline{OJ} = \frac{r\,R}{R + r}\,;$$

somit folgt aus $\overline{OS} = \overline{OJ}$ als Bedingung für indifferentes Gleichgewicht

$$\frac{R}{r} = \frac{3}{2\sin^3\alpha}\,(\pi - \alpha + \sin\alpha\cos\alpha) - 1$$

und mit $2\,\alpha = \pi/2$:

$$\frac{R}{r} = 11{,}12.$$

5. Mit $\varrho_r = r$, $\varrho_g = 2\,r$ folgt aus $\dfrac{1}{d} = \dfrac{1}{\varrho_g} - \dfrac{1}{\varrho_r}$:

$$d = \overline{OJ} = -2\,r,$$

das heißt der Wendepol J liegt oberhalb des Drehpoles O symmetrisch zu O_1.

Das gesuchte Maß x ist zu berechnen aus $\overline{OS} < 2\,r$.

Mit F als Fläche der Platte ist die Entfernung ihres Schwerpunktes S von O_1 zu berechnen aus

$$F \cdot \overline{O_1 S} = \frac{1}{2}(R+a)^2 \sin 2\alpha \frac{2}{3}(R+a)\cos\alpha +$$

$$+ 2(R+a)\, x \sin\alpha \left[(R+a)\cos\alpha + \frac{x}{2}\right] - \frac{1}{2} R^2\, 2\alpha \frac{2}{3} \frac{2R\sin\alpha}{2\alpha},$$

worin

$$F = \frac{1}{2}(R+a)^2 \sin 2\alpha + 2(R+a)\, x \sin\alpha - \frac{1}{2} R^2\, 2\alpha.$$

Mit den Angaben $R = 2r$, $a = r/2$ und $2\alpha = \pi/3$ wird

$$F = r^2 \left(\frac{25}{16} \sqrt{3} - \frac{2\pi}{3}\right) + \frac{5 r x}{2}$$

und

$$F \cdot \overline{O_1 S} = \frac{119}{96} r^3 + \frac{25}{8} r^2 \sqrt{3}\, x + \frac{5 r}{4} x^2.$$

Da $\overline{OS} = \overline{O_1 S} - 2r$, so geht die Bedingung $\overline{OS} < 2r$ über in $\overline{O_1 S} < 4r$ oder mit $\xi = x/r$ in

$$\xi^2 + \left(\frac{5}{2}\sqrt{3} - 8\right)\xi + \left(\frac{119}{120} + \frac{32\pi}{15} - 5\sqrt{3}\right) < 0,$$

woraus folgt $\xi < 3,91$ oder $x < 3,91\, r$.

b) Der beliebig gestützte Körper

Bei Gleichgewicht muß für eine kleine virtuelle Verschiebung die Arbeit δA der wirkenden Kräfte verschwinden und im Falle der Stabilität muß außerdem $\delta^2 A < 0$ sein.

1. Es ist $\delta A = P\, \delta y + Q\, \delta y_1$.

Mit den in Aufg. I, 21 angegebenen Beziehungen

$$y\, \delta y = p\, \delta x,$$
$$y_1\, \delta y_1 = p\, \delta x_1,$$
$$\delta x + \delta x_1 = 0,$$

erhält man

$$\delta A = p \left(\frac{P}{y} - \frac{Q}{y_1}\right) \delta x.$$

$\delta A = 0$ gibt für die Gleichgewichtslage $\dfrac{P}{Q} = \dfrac{y}{y_1}$ (wie in Lösung I, 21) und da

$$\frac{\delta^2 A}{\delta x^2} = p \left(-\frac{P}{y^2}\frac{\delta y}{\delta x} + \frac{Q}{y_1^2}\frac{\delta y_1}{\delta x}\right) = p \left(-\frac{P}{y^2}\frac{p}{y} - \frac{Q}{y_1^2}\frac{p}{y_1}\right) =$$

$$= -p^2 \left(\frac{P}{y^3} + \frac{Q}{y_1^3}\right) < 0,$$

so folgt die Stabilität dieser Gleichgewichtslage.

2. Sind $z_1 = \frac{l}{2} \sin \beta$, $z_2 = l\left(\sin \beta + \frac{1}{2} \cos \alpha\right)$ die Höhenlagen der beiden Stabschwerpunkte über der waagrechten Stützebene, so ist **bei** Zunahme des Winkels β um $\delta \beta$ die virtuelle Arbeit

$$\delta A = -G\,(\delta z_1 + \delta z_2) - P\,\delta x$$

zu leisten, wobei

$$x = \overline{B_0 B} = l\,(\cos \beta - \sin \alpha).$$

Es ist

$$\delta z_1 = \frac{l}{2} \cos \beta\,\delta \beta, \qquad \delta z_2 = l\left(\cos \beta\,\delta \beta - \frac{1}{2} \sin \alpha\,\delta \alpha\right),$$

$$\delta x = -l\,(\sin \beta\,\delta \beta + \cos \alpha\,\delta \alpha).$$

Aus der Konstanz von $h = l\,(\cos \alpha + \sin \beta)$ folgt

$$-\sin \alpha\,\delta \alpha + \cos \beta\,\delta \beta = 0,$$

daher wird

$$\delta z_2 = \delta z_1 \quad \text{und} \quad \delta x = -l\,\delta \beta\,(\sin \beta + \operatorname{ctg} \alpha \cos \beta)$$

und

$$\frac{\delta A}{\delta \beta} = l\,[P\,(\sin \beta + \operatorname{ctg} \alpha \cos \beta) - G \cos \beta].$$

$\delta A = 0$ liefert das in Lösung zu Aufg. I, 25 auf anderem Wege gewonnene Ergebnis

$$P = \frac{G}{\operatorname{tg} \beta + \operatorname{ctg} \alpha}.$$

Bildet man

$$\frac{\delta^2 A}{\delta \beta^2} = l\left[P\left(\cos \beta - \sin \beta \operatorname{ctg} \alpha - \frac{\cos \beta}{\sin^2 \alpha}\,\frac{\delta \alpha}{\delta \beta}\right) + G \sin \beta\right],$$

so wird mit $\dfrac{\delta \alpha}{\delta \beta} = \dfrac{\cos \beta}{\sin \alpha}$ und $G = P\,(\operatorname{tg} \beta + \operatorname{ctg} \alpha)$

$$\frac{\delta^2 A}{\delta \beta^2} = P\,l\cdot\frac{\sin^3 \alpha - \cos^3 \beta}{\sin^3 \alpha \cos \beta}.$$

Die Bedingung $\dfrac{\delta^2 A}{\delta \beta^2} < 0$ verlangt demnach: $\sin \alpha < \cos \beta$ oder

$$\cos\left(\frac{\pi}{2} - \alpha\right) < \cos \beta,$$

das heißt

$$\frac{\pi}{2} - \alpha > \beta.$$

Ist B_0 der Fußpunkt des Lotes aus O auf die waagrechte Stützebene, so ist für die Sonderlage $O A B_0$ der beiden Stäbe: $\pi/2 - \alpha = \beta$, also

$$\frac{\delta^2 A}{\delta \beta^2} = 0.$$

Je nachdem der Stützpunkt B links oder rechts von B_0 liegt, ist das Gleichgewicht stabil oder labil.

3. Es ist $z_1 = l \cos \varphi$, $z_2 = l \cos \psi$ und $\delta A = G \delta z_1 + Q \delta z_2$. Aus

$$\delta z_1 = -l \sin \varphi \, \delta \varphi, \qquad \delta z_2 = -l \sin \psi \, \delta \psi$$

und wegen $\psi = \pi - 2 \varphi$, $\delta \psi = -2 \delta \varphi$ wird

$$\frac{\delta A}{\delta \varphi} = 2 Q l \sin 2 \varphi - G l \sin \varphi$$

und hieraus mit $\delta A = 0$: $\varphi = 0$ und $\cos \varphi = \dfrac{G}{4Q}$.

Mit der Angabe $Q = 2 G$ folgt die in Aufg. I, 31 auf anderem Wege erhaltene Lösung $\cos \varphi = 1/8$.

Da $\dfrac{\delta^2 A}{\delta \varphi^2} = 4 Q l \cos 2 \varphi - G l \cos \varphi$ oder mit $G = 4 Q \cos \varphi$:

$$\frac{\delta^2 A}{\delta \varphi^2} = 4 Q l \left(\cos 2 \varphi - \cos^2 \varphi\right) = -4 Q l \sin^2 \varphi < 0,$$

so ist das Gleichgewicht stabil.

4. Der Zunahme des Zentriwinkels φ um $\delta \varphi$ entspricht die gerichtete virtuelle Verschiebung $\delta \mathfrak{s} = - \mathfrak{e}_1 r \, \delta \varphi$ des Massenpunktes M und die virtuelle Arbeit

$$\delta A = (\mathfrak{P}_A + \mathfrak{P}_B + \mathfrak{G} + \mathfrak{D}) \cdot \delta \mathfrak{s}.$$

Da
$$\mathfrak{P}_A = - \lambda \, (r \, \mathfrak{e} + a \, \mathfrak{i}),$$
$$\mathfrak{P}_B = \mu \, (-r \, \mathfrak{e} + a \, \mathfrak{i}),$$
$$\mathfrak{G} = G \, \mathfrak{j},$$

so kommt wegen $\mathfrak{e} \cdot \mathfrak{e}_1 = 0$ und $\mathfrak{i} \cdot \mathfrak{e}_1 = -\sin \varphi$, $\mathfrak{j} \cdot \mathfrak{e}_1 = -\cos \varphi$,

$$\delta A = r \, \delta \varphi \, [G \cos \varphi - a \, (\lambda - \mu) \sin \varphi],$$

woraus mit $\delta A = 0$ die Lösung in Aufg. I, 34:

$$\operatorname{tg} \varphi = \frac{G}{a \, (\lambda - \mu)} \tag{a}$$

folgt. Ferner wird

$$\frac{\delta^2 A}{\delta \varphi^2} = -r \, [G \sin \varphi + a \, (\lambda - \mu) \cos \varphi],$$

oder mit $G = a \, (\lambda - \mu) \operatorname{tg} \varphi$

$$\frac{\delta^2 A}{\delta \varphi^2} = -\frac{G r}{\sin \varphi} = -\frac{r \, a \, (\lambda - \mu)}{\cos \varphi}.$$

Je nachdem $\lambda \gtrless \mu$, liefert Gl. (a) einen spitzen oder stumpfen Winkel φ, aber beidemale wird $\dfrac{\delta^2 A}{\delta \varphi^2} < 0$, somit ist das Gleichgewicht gegen alle Störungen stabil.

Dies folgt auch daraus, daß bei einer kleinen Verschiebung von M nach rechts hin die im Sinne der Bewegung wirkende Kraftkomponente von $\mathfrak{P}_B$ verkleinert, die rückführende Komponente von $\mathfrak{P}_A$ vergrößert wird; das gleiche gilt bei Umkehrung des Richtungssinnes der Bewegung.

Prüfungs- und Übungsaufgaben aus der technischen Mechanik.
Von Prof. Dr. **K. Federhofer**, Graz. In drei Teilen.

I. Teil: **Statik.** 165 Aufgaben nebst Lösungen. Mit 243 Textabbildungen.
VI, 130 Seiten.

S 34.—, DM 9.60, Doll. 2.30, sfr. 10.—

II. Teil: **Kinematik und Kinetik des Massenpunktes** und III. Teil:
Kinematik und Kinetik starrer Systeme *erscheinen bis Ende 1951.*

Dynamik des Bogenträgers und Kreisringes. Von Prof. Dr.
K. Federhofer, Graz. Mit 35 Textabbildungen und 26 Zahlentafeln.
XII, 179 Seiten. *Erscheint im Oktober 1950.*

Lehrbuch der technischen Mechanik starrer Systeme.
Zum Vorlesungsgebrauch und zum Selbststudium. Von Prof. Dr. **K. Wolf,**
Wien. Dritte, unveränderte Auflage. Mit 250 Textabbildungen. IX,
370 Seiten. 1947.

S 48.—, DM 23.—, Doll. 6.90, sfr. 28.50

---

100 Übungen aus der Mechanik. Von Dr. techn. **E. Pawelka,**
Wien. Zusammengefaßte und erweiterte vierte und zweite Auflage von
„Übungen aus der Mechanik", I. und II. Band. Mit 154 Textabbildungen.
IV, 187 Seiten. 1948.

S 24.—, DM. 8.—, Doll. 2.60, sfr. 11.—

Einführung in die Festigkeitslehre für Studierende des Bauwesens.
Von Priv.-Doz. Dr. phil. Dr. techn. **F. Chmelka**, Wien, und Prof.
Dipl.-Ing. Dr. techn. **E. Melan,** Wien. Dritte, verbesserte Auflage.
Mit 216 Textabbildungen. VIII, 304 Seiten. 1948.

S 48.—, DM 18·—, Doll. 6.50, sfr. 28.—

Einführung in die Statik. Von Priv.-Doz. Dr. phil. Dr. techn.
F. Chmelka, Wien, und Prof. Dipl.-Ing. Dr. techn. **E. Melan,** Wien.
Fünfte, unveränderte Auflage. Mit 119 Textabbildungen. VIII,
132 Seiten 1947.

S 24.—, DM 10.—, Doll. 3.50, sfr. 15.—

Einführung in die Baustatik. Von Prof. Dipl.-Ing. Dr. techn.
E. Melan, Wien. Mit 242 Textabbildungen. X, 328 Seiten. 1950.

S 87.—, DM 28.50, Doll. 6.80, sfr. 29.—
Geb. S 96.—, DM 31.50, Doll. 7.50, sfr. 32.50

SPRINGER-VERLAG IN WIEN

Flächentragwerke. Einführung in die Elastostatik der Scheiben, Platten, Schalen und ·Faltwerke. Von Prof. Dr. techn. Dipl.-Ing. **K. Girkmann,** Wien, Z w e i t e , verbesserte und vermehrte Auflage. Mit 272 Textabbildungen. XVI, 502 Seiten. 1948.

S 132.—, DM 48.—, Doll. 15.30, sfr. 66.—
Geb. S 138.—, DM 50.—, Doll. 16.30. sfr. 70.—

Rahmentragwerke und Durchlaufträger. Von Prof. Dr. Ing. habil. **R. Guldan,** Hannover. V i e r t e , unveränderte Auflage. Mit 435 Textabbildungen und 58 Tafeln. XV, 359 Seiten. 1949.

S 90.—, DM 30.—, Doll. 9.—, sfr. 39.—
Geb. S 96.—, DM 32.—, Doll. 9.60, sfr. 42.—

Statik der Formänderungen von Vollwandtragwerken. Von Ing. **L. Herzka,** Wien. Mit zahlreichen Beispielen, 28 Tabellen und 122 Textabbildungen. V, 232 Seiten. 1948.

S 120.—, DM 40.—, Doll. 12.—, sfr. 52.—

Ebene und räumliche Rahmentragwerke. Von Dr. **V. Kupferschmid,** Düsseldorf. *Erscheint im Winter 1950/51.*

Atlas der Einflußfelder ebener Rechteckplatten. Von Dipl.-Ing. Prof. Dr. techn. **A. Pucher,** Graz. *Erscheint im Winter 1950/51.*

Einflußlinien und Momente für Durchlaufträger und Rahmen. Diagramme. Von Dr. techn. **W. Valentin,** Wien. Mit 55 Textabbildungen und 64 Tafeln (Diagrammen). VI, 60 Seiten.

Erscheint im Herbst 1950.

Österreichisches Ingenieur-Archiv. Herausgegeben von **K. Federhofer,** Graz; **P. Funk,** Wien; **W. Gauster,** Wien; **K. Girkmann,** Wien; **F. Jung,** Wien; **F. Magyar,** Wien; **E. Melan,** Wien; **H. Melan,** Wien; **K. Wolf†,** Wien. Schriftleitung: **F. Magyar,** Wien.

Auskunft über Erscheinungsweise, Bezugsmöglichkeiten, Preise usw. wird vom Verlag bereitwilligst erteilt.